今すぐ使えるかんたんmini

Imasugu Tsukaeru Kantan mini Series

Windows
ショートカットキー
徹底活用技

Windows 10
8.1 / 7 対応版

技術評論社

本書の使い方

ショートカットキーの解説と、この操作に関連する内容が書かれています。

対応する OS や、アプリケーションのバージョンをアイコンで表示しています。

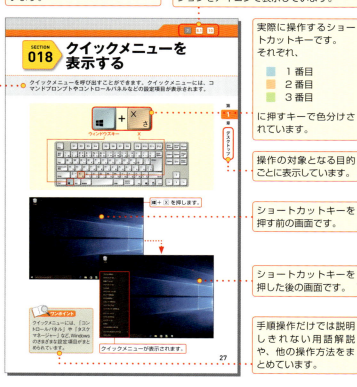

実際に操作するショートカットキーです。
それぞれ、
- 1番目
- 2番目
- 3番目

に押すキーで色分けされています。

操作の対象となる目的ごとに表示しています。

ショートカットキーを押す前の画面です。

ショートカットキーを押した後の画面です。

手順操作だけでは説明しきれない用語解説や、他の操作方法をまとめています。

その他の注意事項

- 本書で使用するキーボード配列は、日本語 109 キーボード(JIS 規格)にしたがっています。お使いのキーボードによっては、本書の構成と異なるキー配列の物もありますのでご注意ください。
- 第3章「入力のショートカットキー」で紹介しているショートカットキーは、Windows に標準搭載されている「MS-IME」を使用する前提で解説しています。その他の日本語入力プログラムを使用している場合は、操作が再現できないものもありますのでご注意ください。

第1章 デスクトップのショートカットキー

- Section 001　スタートメニューを表示する ……………………………… 10
- Section 002　パソコンから離れるときにロック画面にする ………… 11
- Section 003　開いているアプリやウィンドウを切り替える ………… 12
- Section 004　開いているアプリを終了する …………………………… 13
- Section 005　デスクトップに切り替える ……………………………… 14
- Section 006　デスクトップをプレビューする ………………………… 15
- Section 007　ウィンドウをデスクトップの左右に寄せて表示する … 16
- Section 008　ウィンドウを最大化する ………………………………… 17
- Section 009　開いているすべてのウィンドウを最小化する ………… 18
- Section 010　作業中のウィンドウ以外をまとめて最小化する ……… 19
- Section 011　拡大鏡を起動する ………………………………………… 20
- Section 012　拡大鏡を切り替える ……………………………………… 21
- Section 013　画面やウィンドウをキャプチャする …………………… 22
- Section 014　画面をキャプチャしてファイルに保存する …………… 23
- Section 015　反応しないアプリを終了する …………………………… 24
- Section 016　ユーザーを切り替える …………………………………… 25
- Section 017　パソコン内のファイルを検索する ……………………… 26
- Section 018　クイックメニューを表示する …………………………… 27
- Section 019　「設定」画面を表示する …………………………………… 28
- Section 020　画面や表示を取り消す …………………………………… 29
- Section 021　マウスポインターの位置を確認する …………………… 30

第2章 ファイルとフォルダのショートカットキー

- Section 022　アイコンのサイズを変更する …………………………… 32
- Section 023　アイコンのサイズを細かく変更する …………………… 34
- Section 024　ファイルをコピーして貼り付ける ……………………… 35
- Section 025　ファイルを移動する ……………………………………… 36
- Section 026　ファイルをごみ箱に入れる ……………………………… 37
- Section 027　ファイルをすぐに削除する ……………………………… 38
- Section 028　操作をもとに戻す ………………………………………… 39
- Section 029　もとに戻した操作をやり直す …………………………… 40
- Section 030　すべてのファイルを選択する …………………………… 41
- Section 031　ファイルをまとめて選択する …………………………… 42
- Section 032　複数のファイルを個別に選択する ……………………… 43

Section	タイトル	ページ
Section 033	エクスプローラーを表示する	44
Section 034	ファイルのプレビューを表示する	45
Section 035	リボンを展開する	46
Section 036	キーボードでリボンを操作する	47
Section 037	フォルダ内のファイルを検索する	48
Section 038	ウィンドウのショートカットメニューを表示する	49
Section 039	ショートカットメニューを表示する	50
Section 040	ファイルを選択して開く	51
Section 041	フォルダ内の先頭のファイルに移動する	52
Section 042	フォルダ内を1画面ずつ移動する	53
Section 043	前に開いていたフォルダに移動する	54
Section 044	1階層上のフォルダを表示する	55
Section 045	開いているフォルダを別のウィンドウで開く	56
Section 046	新しいフォルダを作成する	57
Section 047	フォルダの情報を最新にする	58
Section 048	ファイルの情報を確認する	59
Section 049	ファイルのショートカットを作成する	60
Section 050	ダイアログボックスの入力項目を移動する	61
Section 051	ダイアログボックスのタブを切り替える	62
Section 052	ダイアログボックスで選択したコマンドを実行する	63
Section 053	ダイアログボックスのチェックのオン／オフを切り替える	64
Section 054	ダイアログボックスの入力候補を開く	65
Section 055	現在の作業を停止または終了する	66

第3章 入力のショートカットキー

Section	タイトル	ページ
Section 056	ローマ字入力とかな入力を切り替える	68
Section 057	ひらがな→カタカナ→半角カタカナを切り替える	69
Section 058	アルファベットを大文字に固定する	70
Section 059	IMEパッドを呼び出す	71
Section 060	日本語入力中に半角スペースを入力する	72
Section 061	上書き入力に切り替える	73
Section 062	ひらがなに変換する	74
Section 063	カタカナに変換する	75
Section 064	英数字に変換する	76
Section 065	変換候補を上に移動する	77
Section 066	変換を取り消す	78

Section 067	行頭に移動する	79
Section 068	前の単語の先頭にカーソルを移動する	80
Section 069	1文字ずつ選択する	81
Section 070	単語の末尾まで選択範囲を拡張する	82
Section 071	行末まで選択範囲を拡張する	83
Section 072	ファイル名を変更する	84

第4章 Webブラウザーのショートカットキー

Section 073	Webページを拡大／縮小する	86
Section 074	Webページの拡大／縮小を取り消す	87
Section 075	Webページを一画面下に送る	88
Section 076	前のページに戻る	89
Section 077	ホームページに戻る	90
Section 078	Webページの情報を最新のものに更新する	91
Section 079	新しいウィンドウを開く	92
Section 080	新しいタブを開く	93
Section 081	同じタブを新しく開く	94
Section 082	タブを切り替える	95
Section 083	タブを指定して切り替える	96
Section 084	最後のタブに切り替える	97
Section 085	リンクを新しいタブで開く	98
Section 086	開いているタブを閉じる	99
Section 087	閉じたタブをもう一度開く	100
Section 088	アドレスバーを選択する	101
Section 089	InPrivateウィンドウを開く	102
Section 090	Webページ内の文字を検索する	103
Section 091	Webページを「お気に入り」に登録する	104
Section 092	お気に入りからWebページを開く	105
Section 093	ダウンロードしたファイルを確認する	106
Section 094	開いているWebページを印刷する	107
Section 095	履歴ウィンドウを開く	108

第5章 Office 共通のショートカットキー

- Section 096　ファイルを開く …… 110
- Section 097　ファイルを新規作成する …… 111
- Section 098　ファイルを保存する …… 112
- Section 099　ファイルを上書き保存する …… 113
- Section 100　ファイルを閉じる …… 114
- Section 101　アプリを終了する …… 115
- Section 102　ファイルを印刷する …… 116
- Section 103　リボンを非表示にする …… 117
- Section 104　文書やワークシートの表示倍率を変更する …… 118
- Section 105　ショートカットメニューを表示する …… 119
- Section 106　選択や表示をキャンセルする …… 120
- Section 107　文字を検索する …… 121
- Section 108　文字を置換する …… 122
- Section 109　直前の操作をくり返す …… 123
- Section 110　操作を取り消す／もとに戻す …… 124
- Section 111　キーボードでリボンを操作する …… 125
- Section 112　スマート検索を利用する …… 126

第6章 Excel のショートカットキー

- Section 113　セルの内容を編集する …… 128
- Section 114　セル内で改行する …… 129
- Section 115　オートフィルでデータをすばやく入力する …… 130
- Section 116　指定したセルに移動する …… 132
- Section 117　入力後に上のセルに移動する …… 133
- Section 118　左右のセルに移動する …… 134
- Section 119　現在の日付を入力する …… 135
- Section 120　1つ上のセルをコピーする …… 136
- Section 121　1つ左のセルをコピーする …… 137
- Section 122　ワークシートを切り替える …… 138
- Section 123　新規ワークシートを挿入する …… 139
- Section 124　ワークシートをコピーする …… 140
- Section 125　セルや行、列を挿入する …… 141
- Section 126　セルや行、列を削除する …… 142

Section 127	セルを別の場所に挿入する	143
Section 128	行を選択する	144
Section 129	セルの選択範囲を拡張する	145
Section 130	空白以外の最後のセルまで選択範囲を拡張する	146
Section 131	矢印キーでのセル移動を無効にする	147
Section 132	ワークシート内で1画面上下にスクロールする	148
Section 133	ワークシート内で1画面左右にスクロールする	149
Section 134	ブックを切り替える	150

第7章 Wordのショートカットキー

Section 135	次のページまで改行する	152
Section 136	文字の大きさを変更する	153
Section 137	文字に書式を設定する	154
Section 138	特殊な書式を設定する	156
Section 139	段落の位置を揃える	158
Section 140	アルファベットの大文字を小文字に変換する	160
Section 141	文字の書式だけをコピーする	161
Section 142	文字書式を解除する	162
Section 143	段落書式を解除する	163
Section 144	スペルミスや文の間違いをチェックする	164
Section 145	1画面上にスクロールする	165
Section 146	行の先頭へ移動する	166
Section 147	表示されている範囲の先頭へ移動する	167
Section 148	文書の先頭へ移動する	168
Section 149	文書を分割して表示する	169
Section 150	直前の編集位置へ移動する	170
Section 151	正円や正方形を作図する	171
Section 152	図形や画像の位置を微調整する	172

第8章 Outlookのショートカットキー

Section 153	新しいメッセージを確認する	174
Section 154	次のメッセージに移動する	175
Section 155	アドレス帳を開く	176
Section 156	メッセージを送信する	177

Section 157	メッセージに返信する	178
Section 158	宛先の全員にメッセージを返信する	179
Section 159	メッセージを転送する	180
Section 160	選択したメッセージを削除する	181
Section 161	検索ボックスに移動する	182
Section 162	別のフォルダに移動する	183
Section 163	受信トレイに切り替える	184
Section 164	送信トレイに切り替える	185
Section 165	予定表に切り替える	186
Section 166	予定を作成する	187
Section 167	連絡先に切り替える	188
Section 168	選択した連絡先を添付してメッセージを作成する	189

索引 ……………………………………………………………………………………… 190

付録 本書で紹介のショートカットキー一覧

ご注意・ご購入・ご利用の前に必ずお読みください

- 本書に記載した内容は、情報の提供のみを目的としています。したがって、本書を用いた運用は、必ずお客様自身の責任と判断によって行なってください。これらの情報の運用の結果について、技術評論社および著者はいかなる責任も負いません。

- ソフトウェアに関する記述は、特に断りのない限り、2016年8月末時点での最新バージョンをもとにしています。ソフトウェアはバージョンアップされる場合があり、本書での説明とは機能内容や画面図などが異なってしまうこともあり得ます。あらかじめご了承ください。なお、本書では「キーボードショートカット」を「ショートカットキー」表記で統一しております。

- 本書は以下の環境での動作を検証しています。

動作環境	Windows 10 デスクトップ画面	Windows 8.1 デスクトップ画面	Windows 7
Microsoft Edge	●	—	—
Internet Explorer 11	●	●	●
Office 2016 (Excel / Word / Outlook)	●	●	●
Office 2013 (Excel / Word / Outlook)	●	●	●
Office 2010 (Excel / Word / Outlook)	●	●	●

- インターネットの情報については、URLや画面等が変更されている可能性があります。ご注意ください。

以上の注意事項をご承諾いただいた上で、本書をご利用願います。これらの注意事項をお読みいただかずに、お問い合わせいただいても、技術評論社は対処しかねます。また、これらの事項に関する理由に基づく、返金、返本を含む、あらゆる対処を技術評論社および著者は行いません。あらかじめ、ご承知おきください。

■本書に掲載した会社名、プログラム名、システム名などは、米国およびその他の国における登録商標または商標です。本文中では™、®マークは明記していません。

第 1 章
デスクトップのショートカットキー

Windowsには標準的に利用できる数多くのショートカットキーが用意されています。ショートカットキーを利用することで、デスクトップの操作やウィンドウのサイズ変更、機能の呼び出しといった操作の効率を大幅にアップできます。

7 8.1 10

SECTION 001 スタートメニューを表示する

⊞をクリックして表示されるスタートメニューを表示するショートカットキーです。すばやくスタートメニューを開くことができます。

第1章 デスクトップ

ウィンドウズキー

⊞を押します。

スタートメニューが表示されます。

ワンポイント

もう一度⊞を押すとスタートメニューを閉じることができます。スタートメニューを開くショートカットキーは、ほかの作業中であっても優先されます。

SECTION 002 パソコンから離れるときにロック画面にする

スタートメニューを開かずに画面をすぐにロックできます。ロック後は再度アカウントでログインし直す必要があります。

第1章 デスクトップ

■+Lを押します。

ロック画面が表示されます。

ワンポイント

ログイン時にパスワードを設定している場合、ロックの解除にもパスワードの入力が要求されます。

| 7 | 8.1 | 10 |

SECTION 003 開いているアプリやウィンドウを切り替える

表示するアプリやウィンドウを切り替えるショートカットキーです。ツールバーや最小化を利用せずに、かんたんに切り替えることができます。

第1章 デスクトップ

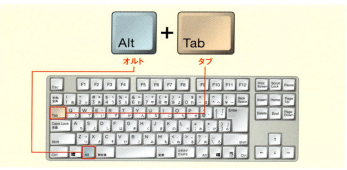

複数のアプリやウィンドウを開いた状態で Alt + Tab を押します。

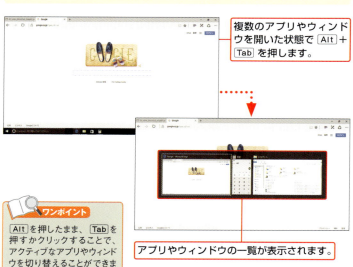

アプリやウィンドウの一覧が表示されます。

ワンポイント

Alt を押したまま、Tab を押すかクリックすることで、アクティブなアプリやウィンドウを切り替えることができます。アクティブになったアプリやウィンドウは、画面の最前面に表示されます。

SECTION 004 開いているアプリを終了する

現在開いているアプリやウィンドウを終了するショートカットキーです。目的の操作が終わったら、こまめに終了するようにしましょう。

第1章 デスクトップ

アプリやウィンドウを開いた状態で Alt + F4 を押します。

起動していたアプリやウィンドウが終了します。

ワンポイント

デスクトップを選択している状態で Alt + F4 を押すと、Windows自体を終了することができます。

| 7 | 8.1 | 10 |

SECTION 005 デスクトップに切り替える

アプリやウィンドウをすべて最小化することができます。アプリやウィンドウで画面が埋まっていても、すばやくデスクトップを表示できます。

第1章 デスクトップ

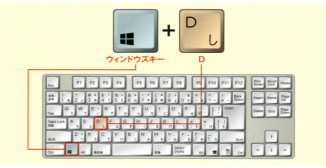

■ + D を押します。

すべてのアプリやウィンドウが最小化し、デスクトップが表示されます。

ワンポイント

デスクトップが表示された状態で再度 ■ + D を押すことで、最小化する前の状態に戻すことができます。

7 8.1 10

SECTION 006 デスクトップをプレビューする

一時的にデスクトップをプレビュー表示できます。切り替え（P.14参照）と異なり、すぐにもとの画面に戻ることができます。

第1章 デスクトップ

ウィンドウズキー　カンマ

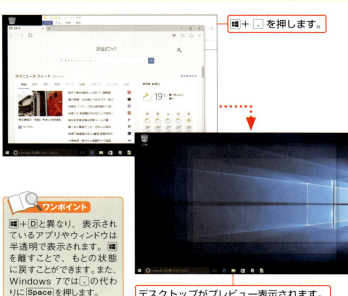

■ + , を押します。

デスクトップがプレビュー表示されます。

ワンポイント

■ + D と異なり、表示されているアプリやウィンドウは半透明で表示されます。■ を離すことで、もとの状態に戻ることができます。また、Windows 7では , の代わりに Space を押します。

SECTION 007 ウィンドウをデスクトップの左右に寄せて表示する

アプリやウィンドウを画面の左右に寄せて表示できます。現在のウィンドウの大きさにかかわらず、ディスプレイの半分の大きさに表示されます。

ウィンドウズキー ＋ 左矢印

■ + ← を押します。

起動中のアプリやウィンドウが画面の左半分に表示されます。

ワンポイント

■ + → を押すと、アプリやウィンドウが画面の右半分に表示されます。 Alt + Tab （P.12参照）と組み合わせれば、小さな画面でも非常に効率的に作業を進めることができます。

SECTION 008 ウィンドウを最大化する

アプリやウィンドウをすばやく最大化して表示することができます。作業中のアプリや起動しているウィンドウは、拡大して見やすく作業しましょう。

第1章 デスクトップ

⊞+↑ を押します。

起動中のアプリやウィンドウが最大化します。

ワンポイント

⊞+↓を押すと最小化します。⊞+↑（↓）を何度か押すことで、最大化、もとの大きさ、最小化を切り替えることができます。

7 8.1 10

SECTION 009 開いているすべてのウィンドウを最小化する

現在開いているすべてのアプリやウィンドウを最小化できます。ただしデスクトップの表示（P.14参照）とは違い、一部の画面は最小化できません。

第1章 デスクトップ

ウィンドウズキー　M

⊞ + M を押します。

すべてのアプリとウィンドウが最小化します。

ワンポイント

⊞+M は ⊞+D と異なり、もう一度 ⊞+M を押しても最小化したアプリやウィンドウをもとに戻すことができません。⊞+Shift+M を押すと、もとに戻すことができます。

SECTION 010 作業中のウィンドウ以外をまとめて最小化する

複数のアプリやウィンドウを起動しているとき、現在作業中以外のアプリやウィンドウをすべて最小化することができます。

■+ Home を押します。

作業中のアプリやウィンドウを残して最小化されます。

ワンポイント

もう一度 ■+ Home を押すと、アプリやウィンドウをもとの状態に戻すことができます。 Alt + Tab などと併用すると、すばやくタスクの切り替えやデスクトップの最適化が行えます。

SECTION 011 拡大鏡を起動する

拡大鏡を起動して画面の一部分を拡大することができます。複数回押すことで、初期状態から最大16倍まで拡大可能です。

第1章 デスクトップ

ウィンドウズキー ＋ プラス

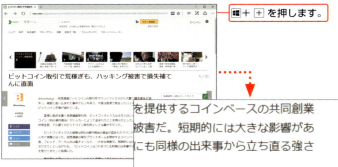

■＋＋ を押します。

拡大鏡が起動します。もう一度 ■＋＋ を押すと、さらに画面が拡大されます。

ワンポイント

拡大した範囲を移動したい場合、カーソルを移動したい方向へ移動します。また、画面を拡大した状態で■＋－を押すと、画面を縮小できます。■＋Escを押すと、拡大鏡を終了できます。

SECTION 012 拡大鏡を切り替える

7 8.1 10

拡大鏡（P.20参照）は、全画面のほかに特定の部分を拡大するレンズ表示も利用できます。画面の一部だけ拡大したい場合はこちらを利用しましょう。

第1章 デスクトップ

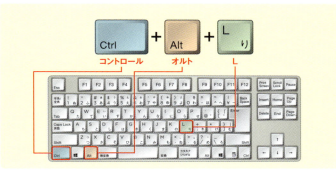

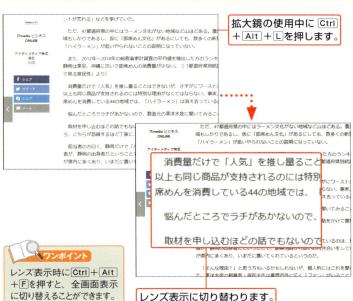

拡大鏡の使用中に Ctrl + Alt + L を押します。

レンズ表示に切り替わります。

ワンポイント

レンズ表示時に Ctrl + Alt + F を押すと、全画面表示に切り替えることができます。

SECTION 013 画面やウィンドウをキャプチャする

現在ディスプレイに表示されている画面をコピーできます。コピーされた内容は、ペイントなどのアプリを利用して保存できます。

保存したい画面を表示して [Print Screen] を押します。

「ペイント」アプリなどの画像編集アプリを起動すると、画面を貼り付けできます。

ワンポイント

[Alt] + [Print Screen] を押すと、作業中のアプリ、もしくはウィンドウの画面のみをキャプチャすることができます。

SECTION 014 画面をキャプチャしてファイルに保存する

Windows 10／8.1で、現在表示されている画面をPNGファイル形式で保存できます。ペイントなどのアプリを利用する必要はありません。

保存したい画面を表示して ⊞＋Print Screen を押します。

保存されたファイルは「ピクチャ」フォルダ内の「スクリーンショット」フォルダに保存されます。

ワンポイント

Windows 7ではこのショートカットキーは利用できません。Sec.013の方法で画面のキャプチャを保存してください。

SECTION 015 反応しないアプリを終了する

反応しなくなったアプリを強制的に終了できるタスクマネージャーを開きます。この操作でも終了できない場合は、Windowsを再起動しましょう。

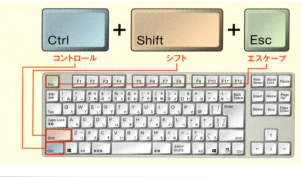

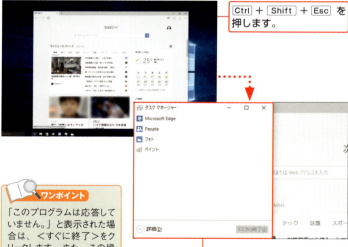

`Ctrl` + `Shift` + `Esc` を押します。

タスクマネージャーが起動するので、終了するアプリを選択して<タスクの終了>をクリックします。

ワンポイント

「このプログラムは応答していません。」と表示された場合は、<すぐに終了>をクリックします。また、この操作をすると保存していないデータが失われる場合があります。

SECTION 016 ユーザーを切り替える

セキュリティオプション画面からユーザーを切り替えます。現在とは別のアカウントでログインし直したいときに利用しましょう。

第1章 デスクトップ

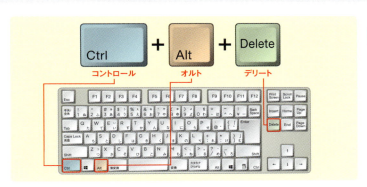

コントロール　オルト　デリート

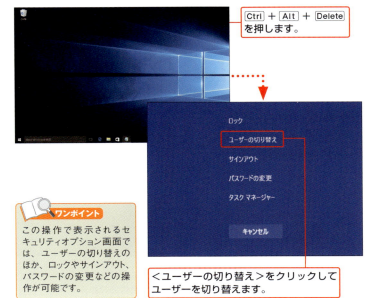

[Ctrl] + [Alt] + [Delete] を押します。

<ユーザーの切り替え>をクリックしてユーザーを切り替えます。

ワンポイント

この操作で表示されるセキュリティオプション画面では、ユーザーの切り替えのほか、ロックやサインアウト、パスワードの変更などの操作が可能です。

SECTION 017 パソコン内のファイルを検索する

検索ボックスを表示して、パソコン内のドキュメントやアプリ、Webなどさまざまな方法でコンテンツを探すことができます。

第1章 デスクトップ

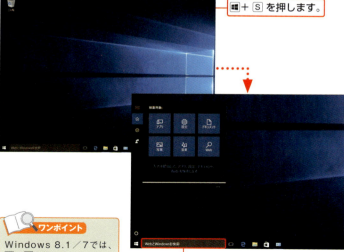

⊞+⑤ を押します。

ワンポイント

Windows 8.1／7では、⊞+Fを押すと、パソコン内のファイルまたはフォルダを検索することができます。

「WebとWindowsを検索」にキーワードを入力すると、検索結果が表示されます。

SECTION 018 クイックメニューを表示する

クイックメニューを呼び出すことができます。クイックメニューには、コマンドプロンプトやコントロールパネルなどの設定項目が表示されます。

第1章 デスクトップ

■+Xを押します。

クイックメニューが表示されます。

ワンポイント

クイックメニューには、「コントロールパネル」や「タスクマネージャー」など、Windowsのさまざまな設定項目がまとめられています。

SECTION 019 「設定」画面を表示する

Windowsの「設定」画面を表示することができます。システムの設定や、周辺機器の設定、ネットワーク設定などをすばやく行えます。

第1章 デスクトップ

ウィンドウズキー

⊞ + I を押します。

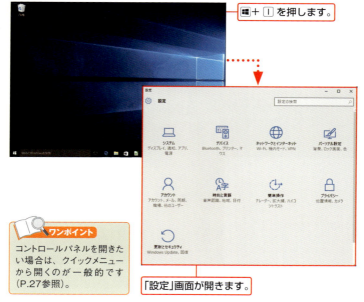

「設定」画面が開きます。

ワンポイント

コントロールパネルを開きたい場合は、クイックメニューから開くのが一般的です（P.27参照）。

7 8.1 10

SECTION 020 画面や表示を取り消す

画面や表示をかんたんに取り消すことができます。アプリやウィンドウを終了せずに入力ボックスなどを閉じることができます。

第1章 デスクトップ

スタートメニューなどを開いた状態で Esc を押します。

スタートメニューが取り消されます。

ワンポイント

Esc を利用した取り消しは、すべてのアプリやエクスプローラーで利用できるわけではありません。起動しているアプリやウィンドウを閉じたい場合は、Esc ではなく Alt + F4 を利用します（P.13参照）。

SECTION 021 マウスポインターの位置を確認する

マウスポインターを見失ってしまったときに、位置を確認することができます。なお、この操作の利用にはあらかじめ設定が必要です。

（※ 事前設定が必要）

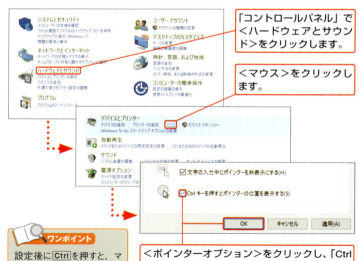

「コントロールパネル」で＜ハードウェアとサウンド＞をクリックします。

＜マウス＞をクリックします。

ワンポイント

設定後に Ctrl を押すと、マウスポインターがサークルに囲まれ、位置がわかりやすくなります。

＜ポインターオプション＞をクリックし、「Ctrl キーを押すとポインターの位置を表示する」のチェックボックスをクリックしてチェックを付け、＜ OK ＞をクリックします。

第 2 章
ファイルとフォルダのショートカットキー

パソコンを使用する際に、もっとも利用する頻度が高いのが、ファイルやフォルダの操作です。フォルダ間の移動やファイルのコピー、切り取り操作などをショートカットキーで行うことで、作業時間を大幅に短縮できます。

7 8.1 10

SECTION 022 アイコンのサイズを変更する

ファイルアイコンの表示を変更できます。サイズだけでなく、表示方法も変更できるので、使いやすいアイコンに変更しましょう。

Ctrl（コントロール） + Shift（シフト） + 1 ～ 8

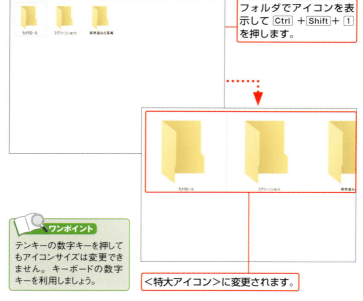

フォルダでアイコンを表示して Ctrl + Shift + 1 を押します。

＜特大アイコン＞に変更されます。

ワンポイント

テンキーの数字キーを押してもアイコンサイズは変更できません。キーボードの数字キーを利用しましょう。

一覧に変更する

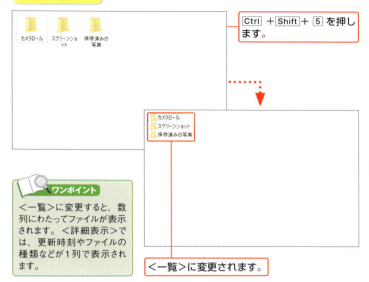

Ctrl + Shift + 5 を押します。

<一覧>に変更されます。

ワンポイント

<一覧>に変更すると、数列にわたってファイルが表示されます。<詳細表示>では、更新時刻やファイルの種類などが1列で表示されます。

詳細表示に変更する

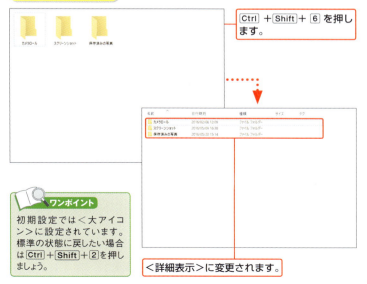

Ctrl + Shift + 6 を押します。

<詳細表示>に変更されます。

ワンポイント

初期設定では<大アイコン>に設定されています。標準の状態に戻したい場合は Ctrl + Shift + 2 を押しましょう。

SECTION 023 アイコンのサイズを細かく変更する

アイコンの表示（P.32参照）はマウスを利用しての設定も可能です。マウスホイールを回転することで、キーボードよりも細かく変更できます。

コントロール ＋ マウスホイールを回転

フォルダでアイコンを表示して Ctrl を押し、マウスホイールを上下に回転させます。

アイコンの大きさが変更されます。

ワンポイント

マウスホイールを上方向に回転することでアイコンを拡大、下方向に回転することでアイコンを縮小できます。

SECTION 024　ファイルをコピーして貼り付ける

任意の場所にファイルを複製することができます。この操作はファイルだけでなく、文字や画像などさまざまなものに応用可能です。

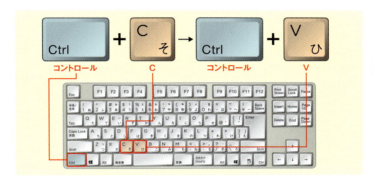

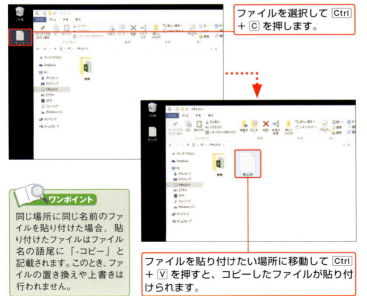

ファイルを選択して Ctrl + C を押します。

ファイルを貼り付けたい場所に移動して Ctrl + V を押すと、コピーしたファイルが貼り付けられます。

ワンポイント

同じ場所に同じ名前のファイルを貼り付けた場合、貼り付けたファイルはファイル名の語尾に「-コピー」と記載されます。このとき、ファイルの置き換えや上書きは行われません。

SECTION 025 ファイルを移動する

任意の場所にファイルを移動します。コピー（P.35参照）と異なり、もとのデータを削除して貼り付け先のみにデータが残ります。

ファイルを選択して Ctrl + C を押します。

ファイルの移動先を表示して Ctrl + V を押すと、ファイルが移動します。

ワンポイント

複数のファイルやフォルダを選択した状態でこのショートカットキーを利用すると、選択したすべてのファイルを切り取り、貼り付けできます。この操作はコピー（P.35参照）でも利用可能です。

ファイルをごみ箱に入れる

7 8.1 10

不要になったファイルやフォルダをごみ箱に入れることができます。不要なものはこまめに整理して使いやすい環境を保ちましょう。

デリート

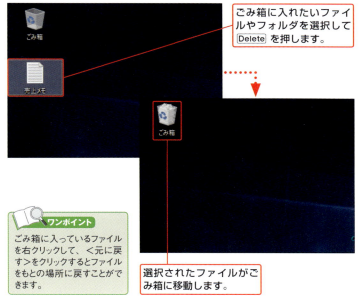

ごみ箱に入れたいファイルやフォルダを選択して Delete を押します。

選択されたファイルがごみ箱に移動します。

ワンポイント

ごみ箱に入っているファイルを右クリックして、＜元に戻す＞をクリックするとファイルをもとの場所に戻すことができます。

SECTION 027 ファイルをすぐに削除する

ごみ箱に移動したデータは、完全に削除されたわけではありません。すぐに完全削除したい場合は、ごみ箱を経ずに完全に削除しましょう。

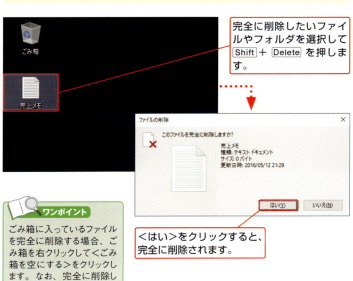

完全に削除したいファイルやフォルダを選択して Shift + Delete を押します。

<はい>をクリックすると、完全に削除されます。

ワンポイント

ごみ箱に入っているファイルを完全に削除する場合、ごみ箱を右クリックして<ごみ箱を空にする>をクリックします。なお、完全に削除したファイルは復元できないので注意しましょう。

SECTION 028 操作をもとに戻す

> 7 8.1 10

誤って操作してしまった場合でも、直後であればもとに戻すことができます。アプリによっては、何度か押すことで複数の動作をもとに戻せます。

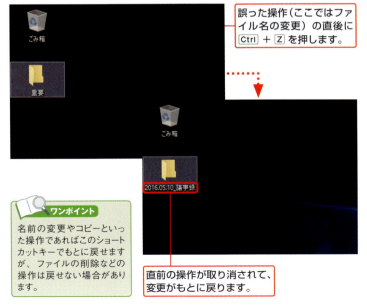

誤った操作（ここではファイル名の変更）の直後に Ctrl + Z を押します。

直前の操作が取り消されて、変更がもとに戻ります。

ワンポイント

名前の変更やコピーといった操作であればこのショートカットキーでもとに戻せますが、ファイルの削除などの操作は戻せない場合があります。

SECTION 029 もとに戻した操作をやり直す

Sec.028とは反対に、もとに戻す操作を再度やり直しすることも可能です。アプリによっては「先に進む」などと表現されます。

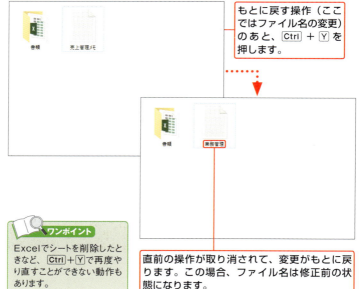

もとに戻す操作（ここではファイル名の変更）のあと、Ctrl + Y を押します。

直前の操作が取り消されて、変更がもとに戻ります。この場合、ファイル名は修正前の状態になります。

ワンポイント

Excelでシートを削除したときなど、Ctrl + Y で再度やり直すことができない動作もあります。

7 8.1 10

SECTION 030 すべてのファイルを選択する

フォルダ内のすべてのファイルを、一度に選択することができます。大量のファイルも、まとめて操作することが可能です。

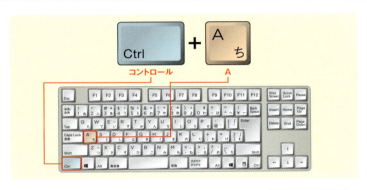

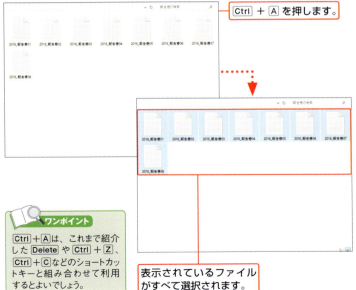

Ctrl + A を押します。

表示されているファイルがすべて選択されます。

ワンポイント

Ctrl + A は、これまで紹介した Delete や Ctrl + Z、Ctrl + C などのショートカットキーと組み合わせて利用するとよいでしょう。

第2章 ファイルとフォルダ

SECTION 031 ファイルをまとめて選択する

開始と終了を指定して、一部の範囲だけを選択することができます。開始位置、終了位置のどちらも自由に決められます。

選択したいファイルの開始位置をクリックし、[Shift]を押しながら終了位置をクリックします。

まとめて複数のファイルを選択できます。

ワンポイント

[Shift]+クリックのほかにも、ファイルの開始位置を選択し、[Shift]+[→]([←]、[↑]、[↓])を押しても同様の操作ができます。

SECTION 032 複数のファイルを個別に選択する

多くのファイルの中から、特定のファイルだけを選択できます。特定のファイルだけを不選択にする、といった使い方も可能です。

[Ctrl]を押しながら選択したいファイルをクリックします。

複数のファイルを選択できます。

ワンポイント
すでに選択されたファイルに同様の操作をすると、選択を解除できます。

SECTION 033 エクスプローラーを表示する

Windows内のファイルやフォルダを表示するためのエクスプローラーが起動します。保存したファイルやダウンロードはここから確認できます。

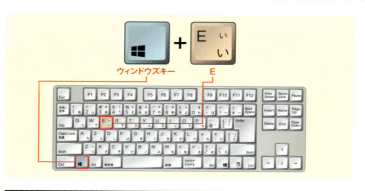

ウィンドウズキー / E

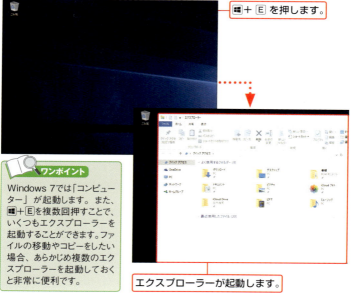

⊞ + E を押します。

エクスプローラーが起動します。

ワンポイント

Windows 7では「コンピューター」が起動します。また、⊞+Eを複数回押すことで、いくつもエクスプローラーを起動することができます。ファイルの移動やコピーをしたい場合、あらかじめ複数のエクスプローラーを起動しておくと非常に便利です。

SECTION 034

ファイルのプレビューを表示する

フォルダの右側に、ファイルのプレビューを表示することができます。ファイルを開かずに内容を確認することが可能になります。

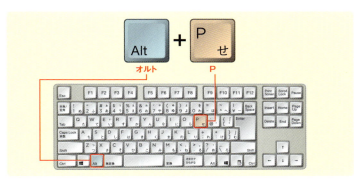

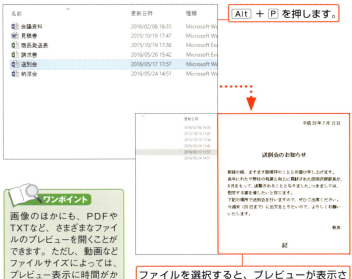

Alt + P を押します。

ファイルを選択すると、プレビューが表示されます。

ワンポイント

画像のほかにも、PDFやTXTなど、さまざまなファイルのプレビューを開くことができます。ただし、動画などファイルサイズによっては、プレビュー表示に時間がかかる場合があります。

SECTION 035 リボンを展開する

リボンでは、ファイルのコピーや削除など、さまざまな操作を行うことができます。操作のたびにタブをクリックせずに操作できます。

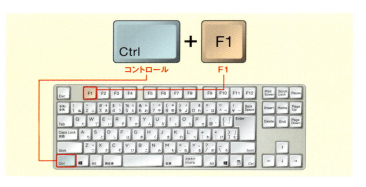

エクスプローラーを起動して Ctrl + F1 を押します。

リボンが展開されます。

ワンポイント

Ctrl + F1 でリボンを開いた場合、リボンは開いたままになります。リボンを閉じたい場合は、もう一度 Ctrl + F1 を押してください。

SECTION 036 キーボードでリボンを操作する

リボン(P.46参照)は、そのままキーボードを使って操作することができます。任意の操作をすばやく行うことが可能です。

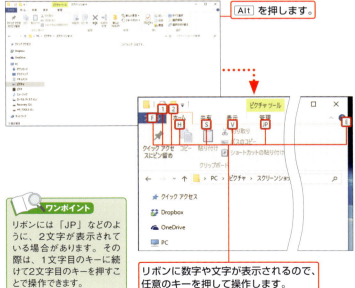

Alt を押します。

リボンに数字や文字が表示されるので、任意のキーを押して操作します。

ワンポイント

リボンには「JP」などのように、2文字が表示されている場合があります。その際は、1文字目のキーに続けて2文字目のキーを押すことで操作できます。

| 7 | 8.1 | 10 |

SECTION 037 フォルダ内のファイルを検索する

どのフォルダにファイルが入っているのかわからなくなってしまったときは、フォルダ内のファイルを検索してみるとよいでしょう。

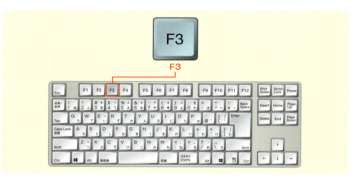

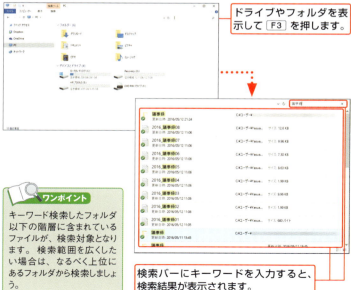

ドライブやフォルダを表示して F3 を押します。

検索バーにキーワードを入力すると、検索結果が表示されます。

ワンポイント

キーワード検索したフォルダ以下の階層に含まれているファイルが、検索対象となります。検索範囲を広くしたい場合は、なるべく上位にあるフォルダから検索しましょう。

SECTION 038 ウィンドウのショートカットメニューを表示する

ウィンドウに設定されているショートカットメニューを呼び出せます。最小化や最大化などを、キーボードのみで行うことができます。

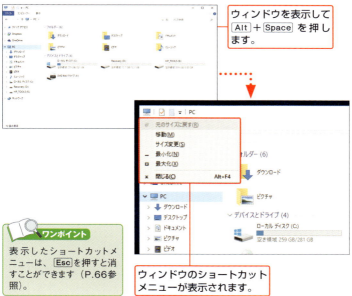

ウィンドウを表示して Alt + Space を押します。

ウィンドウのショートカットメニューが表示されます。

ワンポイント
表示したショートカットメニューは、Esc を押すと消すことができます（P.66参照）。

SECTION 039 ショートカットメニューを表示する

ショートカットメニューでは、ファイルのさまざまな操作を行うことができます。右クリックしなくとも、ショートカットキーで表示可能です。

ファイルを選択して Shift + F10 を押します。

ショートカットメニューが表示されます。

ワンポイント

キーボードにアプリケーションキー ▤ がある場合、▤ を押すことでも同様の操作を行うことができます。

SECTION 040 ファイルを選択して開く

キーボード操作を行っている場合でもファイルを選択して開くことができます。ファイルによっては、複数選択して同時に起動することも可能です。

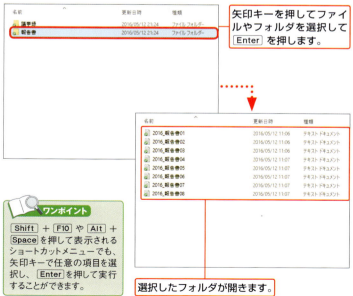

矢印キーを押してファイルやフォルダを選択して Enter を押します。

選択したフォルダが開きます。

ワンポイント

Shift + F10 や Alt + Space を押して表示されるショートカットメニューでも、矢印キーで任意の項目を選択し、Enter を押して実行することができます。

第2章 ファイルとフォルダ

7 8.1 10

SECTION 041 フォルダ内の先頭のファイルに移動する

キーボードキーを何度も押して、先頭（末尾）のファイルに移動する必要はありません。一瞬でファイルの選択位置を移動できます。

ファイルを選択して Home を押します。

フォルダの先頭のファイルが選択されました。

ワンポイント

End を押すことで、末尾にあるファイルに移動できます。

フォルダ内を 1画面ずつ移動する

閲覧するのにスクロールが必要なフォルダでは、1画面ずつ移動することができます。状況に応じて利用し、スムーズに移動しましょう。

ページダウン

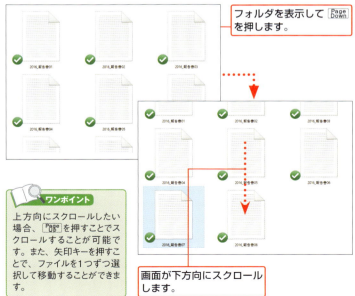

フォルダを表示して `Page Down` を押します。

画面が下方向にスクロールします。

ワンポイント

上方向にスクロールしたい場合、`Page Up`を押すことでスクロールすることが可能です。また、矢印キーを押すことで、ファイルを1つずつ選択して移動することができます。

SECTION 043 前に開いていたフォルダに移動する

連続してフォルダを移動している場合、1つ前に開いていたフォルダへ戻ることができます。戻る前に再度移動することも可能です。

フォルダを表示して [Alt]+[←] を押します。

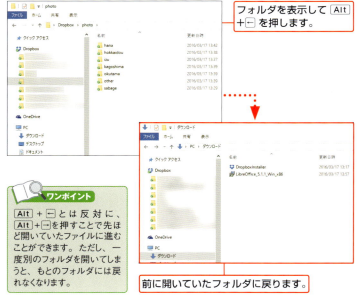

前に開いていたフォルダに戻ります。

ワンポイント

[Alt]+[←]とは反対に、[Alt]+[→]を押すことで先ほど開いていたファイルに進むことができます。ただし、一度別のフォルダを開いてしまうと、もとのフォルダには戻れなくなります。

7 8.1 10

SECTION 044 1階層上のフォルダを表示する

フォルダに戻るだけでなく、1つ上の階層のフォルダに移動することも可能です。この操作は、前に開いていたフォルダに依存しません。

フォルダを表示して[BackSpace]を押します。

開いていたフォルダから1つ上の階層に移ります。

ワンポイント

[Alt]+[↑]でも、[BackSpace]と同様に1つ上の階層に移ることができます。[Alt]+[↑]で1つ上の階層に移った場合、[BackSpace]と異なり[Alt]+[←]で以前のフォルダに戻ることはできません。

第2章 ファイルとフォルダ

SECTION 045 開いているフォルダを別のウィンドウで開く

現在開いているフォルダを別のウィンドウで表示できます。ファイルの移動、フォルダの比較など、さまざまな場面で活用できます。

コントロール / N

フォルダを表示して Ctrl + N を押します。

先ほど開いていたフォルダが新しいウィンドウで開きます。

ワンポイント

Ctrl + N を複数回押すと、その回数分だけ新しいウィンドウを開けます。ウィンドウを閉じたい場合は Alt + F4 を利用することで不要なウィンドウをすばやく閉じることができます。

SECTION 046 新しいフォルダを作成する

現在開いているフォルダに新しいフォルダを作成できます。メモ帳などのアプリでは、ファイルの新規作成にも割り当てられています。

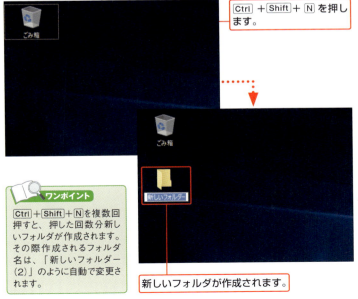

Ctrl + Shift + N を押します。

新しいフォルダが作成されます。

ワンポイント

Ctrl + Shift + N を複数回押すと、押した回数分新しいフォルダが作成されます。その際作成されるフォルダ名は、「新しいフォルダー（2）」のように自動で変更されます。

7 8.1 10

SECTION 047 フォルダの情報を最新にする

フォルダの内容を、最新の状況に更新することができます。ファイルの追加が反映されないときに試してみましょう。

フォルダを表示して F5 を押します。

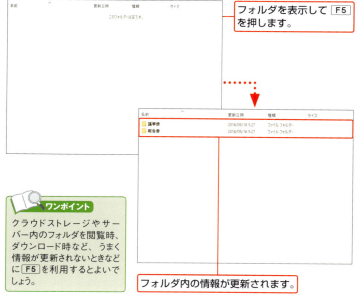

フォルダ内の情報が更新されます。

ワンポイント

クラウドストレージやサーバー内のフォルダを閲覧時、ダウンロード時など、うまく情報が更新されないときなどに F5 を利用するとよいでしょう。

SECTION 048 ファイルの情報を確認する

選択したファイルのプロパティを開くことができます。容量の確認や、起動するプログラムの変更、セキュリティ設定などを行えます。

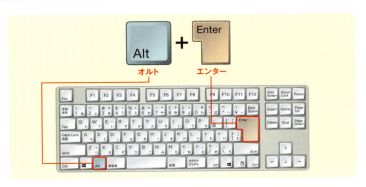

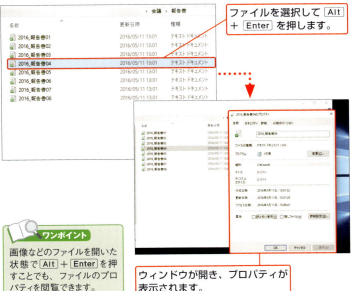

ファイルを選択して [Alt] + [Enter] を押します。

ウィンドウが開き、プロパティが表示されます。

ワンポイント

画像などのファイルを開いた状態で [Alt] + [Enter] を押すことでも、ファイルのプロパティを閲覧できます。

SECTION 049 ファイルのショートカットを作成する

フォルダやファイルへのショートカットは、任意の場所に作成できます。よく使うフォルダなどは、ショートカットを作っておくとよいでしょう。

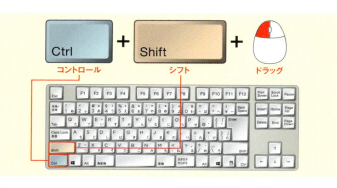

ファイルやフォルダを選択して、Ctrl + Shift を押しながらショートカットを作成したい場所へドラッグ＆ドロップします。

ショートカットが作成されます。

ワンポイント

デスクトップにショートカットを作成したい場合は、ファイルを選択して右クリックし、＜送る＞→＜デスクトップ（ショートカットを作成）＞の順にクリックすることでも作成することができます。

7 8.1 10

SECTION 050 ダイアログボックスの入力項目を移動する

ダイアログボックスの項目は、キーボードの操作で移動することができます。マウスに持ち替える手間を省き、すばやく操作できます。

第2章 ファイルとフォルダ

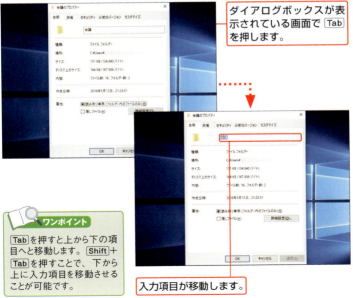

ダイアログボックスが表示されている画面で`Tab`を押します。

入力項目が移動します。

ワンポイント

`Tab`を押すと上から下の項目へと移動します。`Shift`+`Tab`を押すことで、下から上に入力項目を移動させることが可能です。

61

7 8.1 10

SECTION 051 ダイアログボックスのタブを切り替える

ダイアログボックスでは、タブもキーボードで切り替えることができます。複数のタブで設定を変更したい場合などに利用しましょう。

Ctrl コントロール ＋ Tab タブ

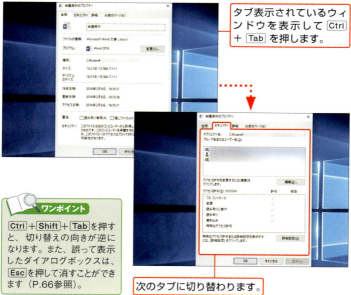

タブ表示されているウィンドウを表示して Ctrl + Tab を押します。

次のタブに切り替わります。

ワンポイント

Ctrl + Shift + Tab を押すと、切り替えの向きが逆になります。また、誤って表示したダイアログボックスは、Esc を押して消すことができます（P.66参照）。

7 8.1 10

SECTION 052
ダイアログボックスで選択したコマンドを実行する

ダイアログボックスで選択されているコマンドを実行します。実行して表示されるダイアログボックスでも、これまでと同様に操作できます。

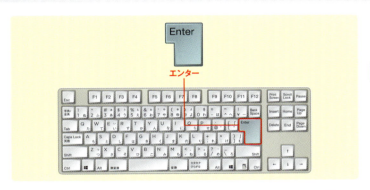

コマンドを選択して<kbd>Enter</kbd>を押します。

コマンドが実行されます。

ワンポイント

コマンドを間違って実行してしまった場合は、同じ方法で「キャンセル」などのコマンドを選択して実行するか、<kbd>Esc</kbd>を押して実行を取り消しましょう（P.66参照）。

第2章 ファイルとフォルダ

SECTION 053 ダイアログボックスのチェックの オン／オフを切り替える

ダイアログボックスなどでチェックボックスのオンとオフを切り替えます。コマンドの実行（P.63参照）と間違えないように注意しましょう。

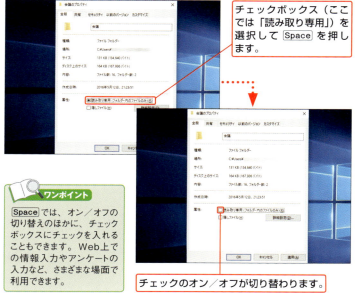

チェックボックス（ここでは「読み取り専用」）を選択して Space を押します。

チェックのオン／オフが切り替わります。

ワンポイント

Space では、オン／オフの切り替えのほかに、チェックボックスにチェックを入れることもできます。Web上での情報入力やアンケートの入力など、さまざまな場面で利用できます。

SECTION 054 ダイアログボックスの入力候補を開く

入力欄で過去に入力した内容を呼び出して表示できます。変換の難しい漢字やよく使う言葉などを、この機能を利用してかんたんに選択できます。

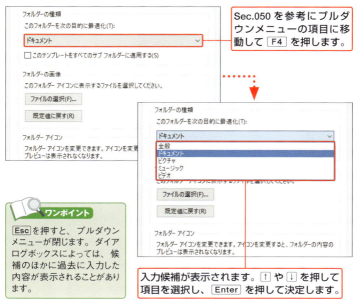

Sec.050 を参考にプルダウンメニューの項目に移動して F4 を押します。

入力候補が表示されます。 ↑ や ↓ を押して項目を選択し、 Enter を押して決定します。

ワンポイント

Esc を押すと、プルダウンメニューが閉じます。ダイアログボックスによっては、候補のほかに過去に入力した内容が表示されることがあります。

7 8.1 10

SECTION 055 現在の作業を停止または終了する

ダイアログボックスは、操作途中でも終了できます。「閉じる」が表示されていない場合でも作業を中止／終了することが可能です。

エスケープ

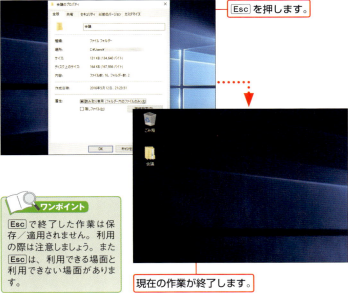

Esc を押します。

現在の作業が終了します。

ワンポイント

Esc で終了した作業は保存／適用されません。利用の際は注意しましょう。また Esc は、利用できる場面と利用できない場面があります。

第 3 章
入力の
ショートカットキー

文字の入力に関するショートカットキーを使うと、文字の変換や入力の切り替えといった操作を一瞬で行うことができます。ショートカットキーを駆使して、高速かつ快適なタイピングを実現しましょう。

SECTION 056 ローマ字入力とかな入力を切り替える

文字の入力方法は、ひらがなを直接入力する「かな入力」と、ローマ字で入力する「ローマ字入力」があります。使いやすい方法を選択しましょう。

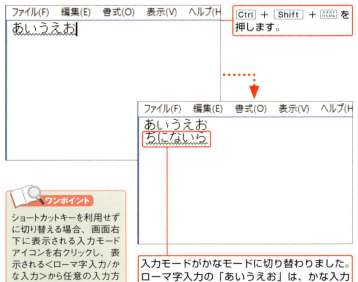

Ctrl + Shift + カタカナひらがな を押します。

入力モードがかなモードに切り替わりました。ローマ字入力の「あいうえお」は、かな入力では「ちにないら」に割り当てられます。

ワンポイント

ショートカットキーを利用せずに切り替える場合、画面右下に表示される入力モードアイコンを右クリックし、表示される<ローマ字入力/かな入力>から任意の入力方法を選びます。

SECTION 057
ひらがな→カタカナ→半角カタカナを切り替える

入力は、通常ひらがなで入力されます。カタカナや半角カタカナの入力は、あとで変換するのではなく、あらかじめ設定して入力しましょう。

日本語入力の状態で[無変換]を押します。

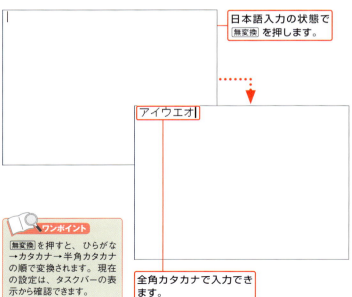

全角カタカナで入力できます。

ワンポイント

[無変換]を押すと、ひらがな→カタカナ→半角カタカナの順で変換されます。現在の設定は、タスクバーの表示から確認できます。

SECTION 058
アルファベットを大文字に固定する

通常時、アルファベットは小文字で入力され、大文字入力には Shift を押します。 Caps Lock を利用すると、入力を大文字に固定できます。

シフト　＋　キャプスロック

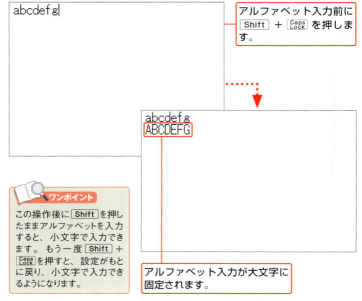

アルファベット入力前に Shift ＋ Caps Lock を押します。

アルファベット入力が大文字に固定されます。

ワンポイント

この操作後に Shift を押したままアルファベットを入力すると、小文字で入力できます。もう一度 Shift ＋ Caps Lock を押すと、設定がもとに戻り、小文字で入力できるようになります。

SECTION 059 IMEパッドを呼び出す

IMEパッドを使うと、手書きで文字を入力したり、部首や画数などで文字を検索できます。読みがわからない文字がある場合に利用しましょう。

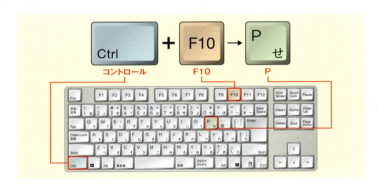

日本語で入力時に [Ctrl] + [F10] を押すと、言語バーのメニューが表示されます。

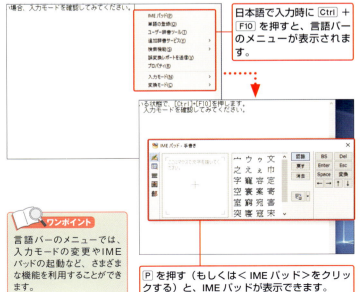

P を押す（もしくは< IME パッド>をクリックする）と、IME パッドが表示できます。

ワンポイント

言語バーのメニューでは、入力モードの変更やIMEパッドの起動など、さまざまな機能を利用することができます。

SECTION 060 日本語入力中に半角スペースを入力する

日本語入力中に Space を押すと、全角スペースが入力されますが、入力を切り替えなくても、日本語入力のまま半角スペースを入力可能です。

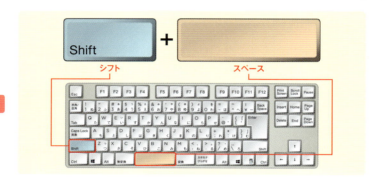

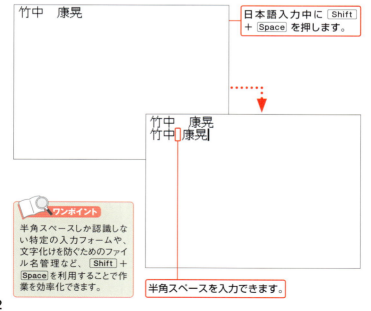

日本語入力中に Shift + Space を押します。

半角スペースを入力できます。

ワンポイント

半角スペースしか認識しない特定の入力フォームや、文字化けを防ぐためのファイル名管理など、Shift + Space を利用することで作業を効率化できます。

SECTION 061 上書き入力に切り替える

文字入力には、挿入モードと上書きモードの2種類があります。文字数の決まっている入力欄では、上書きモードにするとすばやく修正できます。

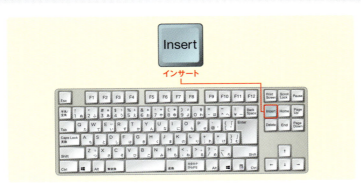

インサート

`Insert` を押します。

上書きモードとは現在カーソルが表示されている
ドと異なり、前に記述された内容は失われてしま

上書きモードとは現在カーソルが表示されている
ドとちがい、前に記述された内容は失われてしま

違い
違いが
違いない
違いを
違いは

上書きモードに切り替わります。文字を入力すると、すでにある文字に上書きされていきます。

ワンポイント

上書きモードを終了するにはもう一度 `Insert` を押します。なお、上書きモードは対応しているアプリと非対応のアプリがあります。

SECTION 062 ひらがなに変換する

変換中の文字を一括でひらがなに変換します。あえて変換したくない文字や固有名詞などがある場合、何度も変換することなく指定できます。

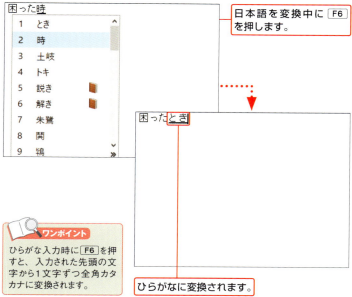

日本語を変換中に F6 を押します。

ひらがなに変換されます。

ワンポイント

ひらがな入力時に F6 を押すと、入力された先頭の文字から1文字ずつ全角カタカナに変換されます。

7 8.1 10

SECTION 063 カタカナに変換する

文字を全角カタカナに変換します。外国の地名や人名など、文字入力中にカタカナでの入力が必要とされる場面があったら使用してみましょう。

ぜんかくかたかな
全角カタカナ
全角カタカナに変換
Tab キーで予測候補を選択

日本語を入力して [F7] を押します。

ゼンカクカタカナ

すべての文字が全角カタカナに変換されます。

ワンポイント

[F8]を押すと、半角カタカナに変換できます。半角カタカナでは、濁点や半濁点も一文字として数えられます。

SECTION 064 英数字に変換する

アルファベットで入力したつもりが、すべて日本語だった、というときもあるでしょう。そのような場合でも、入力し直すことなく変換できます。

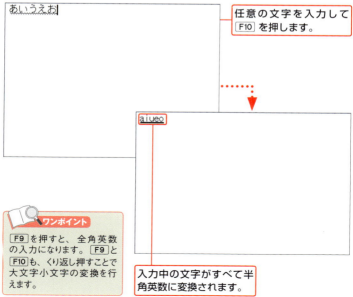

任意の文字を入力して F10 を押します。

入力中の文字がすべて半角英数に変換されます。

ワンポイント

F9 を押すと、全角英数の入力になります。F9 と F10 も、くり返し押すことで大文字小文字の変換を行えます。

SECTION 065 変換候補を上に移動する

変換中に目的の変換を通り過ぎてしまっても、初めからやり直す必要はありません。変換候補は上に移動することができます。

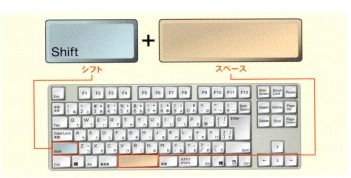

文字の変換中に [Shift] + [Space] を押します。

変換候補が上に移動します。

ワンポイント

変換は [変換] や矢印キーでも行うことができます。[Home]、[End] を押すと、それぞれ候補の先頭または末尾に移動します。

SECTION 066 変換を取り消す

文字入力を間違えたまま変換してしまった場合や、目的の文字に変換できない場合は、変換を取り消しましょう。入力自体も取り消し可能です。

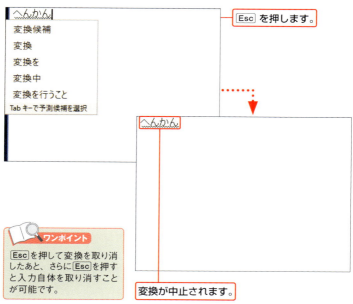

Esc を押します。

変換が中止されます。

ワンポイント

Esc を押して変換を取り消したあと、さらに Esc を押すと入力自体を取り消すことが可能です。

SECTION 067 行頭に移動する

現在カーソルが表示されている文章の行頭に戻ることができます。文章の追加や書き直しの場合に、有効活用できます。

Home を押します。

カーソルが行頭に戻ります。

ワンポイント

End を押すと、カーソルのある行の行末に移動することができます。

SECTION 068 前の単語の先頭にカーソルを移動する

英文の入力時に、スペースで区切られた単語の先頭にカーソルを移動できます。スペースは半角でも全角でも構いません。

英文を入力して Ctrl + ← を押します。

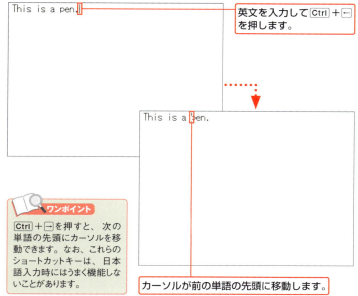

カーソルが前の単語の先頭に移動します。

ワンポイント

Ctrl + → を押すと、次の単語の先頭にカーソルを移動できます。なお、これらのショートカットキーは、日本語入力時にはうまく機能しないことがあります。

SECTION 069 1文字ずつ選択する

任意の文字数のみ選択したい場合は、1文字ずつ選択していきましょう。マウスでのドラッグよりも正確に選択できます。

文字入力をすばやくするコツは、ショートカット

文書編集中に [Shift] + → を押します。

文字入力を**す**ばやくするコツは、ショートカット

右側の1文字が選択されます。

ワンポイント

[Shift] + ← を押すと、左側の1文字が選択されます。→や←を続けて押すことで、1文字ずつ選択範囲を指定できます。範囲を選択後に[変換]を押すことで、文字変換を行うことも可能です。

SECTION 070
単語の末尾まで選択範囲を拡張する

現在のカーソル位置から単語の末尾まで一瞬で選択できます。ただし、日本語入力時にはうまく動作しない場合があるので注意しましょう。

Ctrl + Shift + →
コントロール　シフト　右矢印

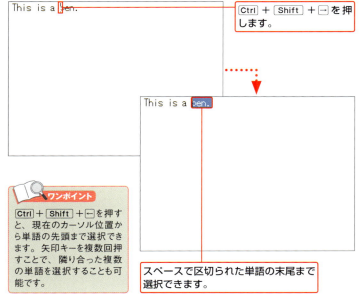

`Ctrl` + `Shift` + `→` を押します。

スペースで区切られた単語の末尾まで選択できます。

ワンポイント

`Ctrl` + `Shift` + `←` を押すと、現在のカーソル位置から単語の先頭まで選択できます。矢印キーを複数回押すことで、隣り合った複数の単語を選択することも可能です。

SECTION 071

行末まで選択範囲を拡張する

カーソルの位置から行末までを選択できます。箇条書きの一部だけ残して削除したい場合や、文章の一部を修正したい場合に利用します。

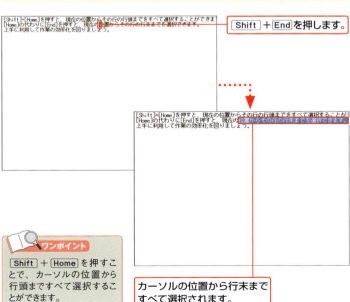

Shift + End を押します。

カーソルの位置から行末まですべて選択されます。

ワンポイント

Shift + Home を押すことで、カーソルの位置から行頭まですべて選択することができます。

SECTION 072 ファイル名を変更する

フォルダやファイル名を変更できます。似た名前のファイルが増えると区別が付きづらくなるので、名前を付けてわかりやすく整理しましょう。

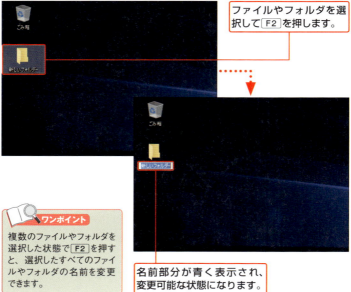

ファイルやフォルダを選択して F2 を押します。

名前部分が青く表示され、変更可能な状態になります。

> **ワンポイント**
>
> 複数のファイルやフォルダを選択した状態で F2 を押すと、選択したすべてのファイルやフォルダの名前を変更できます。

第 4 章
Webブラウザーの
ショートカットキー

インターネットに必須のWebブラウザーには、快適な利用を実現するためのショートカットキーが用意されています。Webページの移動やタブの操作など、ショートカットキーを利用して、情報収集を高速化しましょう。

本PARTで使用するInternet Explorer (IE) は、IE11に対応しています。
なお、見出し部分に配置しているアイコン表記は次を意味しています。
- IE → Internet Explorer (IE)
- Edge → Microsoft Edge

IE Edge

SECTION 073 Webページを拡大／縮小する

閲覧中のWebページを自由に拡大／縮小して表示することができます。倍率は10%から1000%の間で選択可能です。

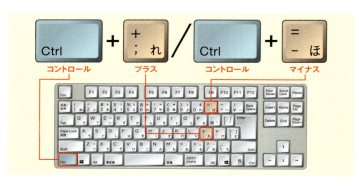

Webページを表示して Ctrl + + を押します。

閲覧中のWebページが拡大表示されます。

ワンポイント

Webページを縮小するには Ctrl + - を押します。また、Ctrl を押しながらマウスのホイールを回転してもWebページを拡大／縮小可能です。マウスを利用すると、より細かく倍率を調整できます。

SECTION 074 Webページの拡大／縮小を取り消す

拡大／縮小したWebページを初期倍率に戻すことができます。もとの表示に戻したいときに利用しましょう。

拡大／縮小したWebページ（P.86参照）を表示して Ctrl + 0 を押します。

もとの表示（100％）に表示倍率を戻すことができます。

ワンポイント

画面右上に表示されている … をクリック（IEでは ⚙ →＜拡大＞をクリック）すると、表示倍率をクリックで変更できます。

SECTION 075

Webページを一画面下に送る

画面を下方向にスクロールすることができます。一画面ずつ移動するので、長い文章やニュースを読む際に適しています。

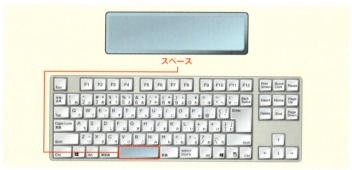

Webページを表示して Space を押します。

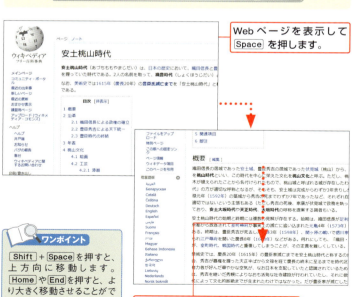

1画面分下方向にスクロールします。

ワンポイント

Shift + Space を押すと、上方向に移動します。
Home や End を押すと、より大きく移動させることができます。

SECTION 076 前のページに戻る

Webページを閲覧中に、前に閲覧していたページに戻ることができます。
戻る前のWebページに進むことも可能です。

オルト ＋ 左矢印

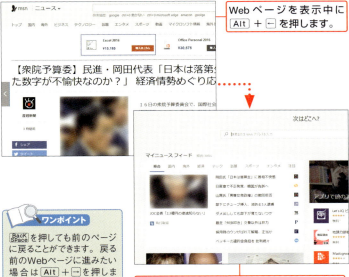

Webページを表示中に Alt ＋ ← を押します。

1つ前に見ていたWebページが表示されます。

ワンポイント

BackSpace を押しても前のページに戻ることができます。戻る前のWebページに進みたい場合は Alt ＋ → を押します。

SECTION 077 ホームページに戻る

Webブラウザーに設定しているホームページに戻ることができます。Webページの閲覧中に、すぐに検索画面に戻りたい場合などに便利です。

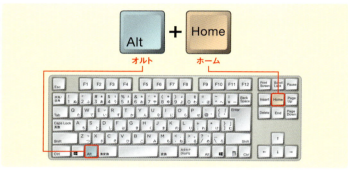

Webページを表示中に Alt + Home を押します。

Webブラウザーに設定されているホームページが表示されます。

ワンポイント

ホームページは自由に変更可能です。Microsoft Edgeでは、… →＜設定＞の順にクリックすると、起動時に表示するWebページを設定できます。

SECTION 078 Webページの情報を最新のものに更新する

IE / Edge

現在閲覧しているWebページを、最新の情報に更新できます。ニュースの閲覧中やページが表示されないときなどに利用します。

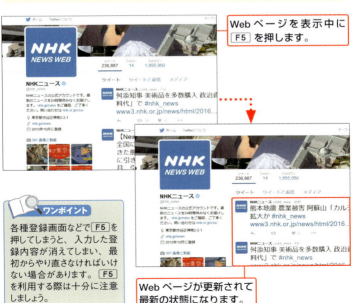

Webページを表示中に F5 を押します。

Webページが更新されて最新の状態になります。

ワンポイント

各種登録画面などで F5 を押してしまうと、入力した登録内容が消えてしまい、最初からやり直さなければいけない場合があります。 F5 を利用する際は十分に注意しましょう。

SECTION 079 新しいウィンドウを開く

Webページを閲覧しているときに、新しいウィンドウでWebブラウザーを起動します。新たに開いたウィンドウは手前に表示されます。

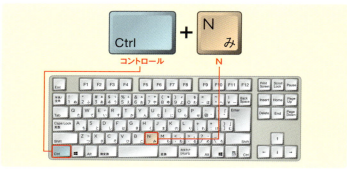

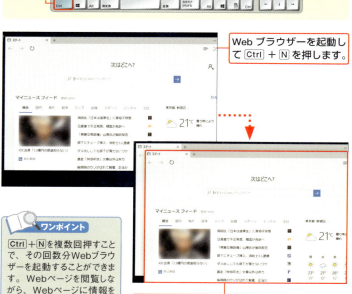

Webブラウザーを起動して、Ctrl + N を押します。

新しいウィンドウで Web ブラウザーが起動します。

ワンポイント

Ctrl + N を複数回押すことで、その回数分Webブラウザーを起動することができます。Webページを閲覧しながら、Webページに情報を入力するときなどに非常に役に立ちます。

SECTION 080 新しいタブを開く

現在開いているウィンドウに、新たにタブを開くことができます。新たなタブにはWebブラウザーに設定しているホームページが表示されます。

Webブラウザーを起動して Ctrl + T を押します。

新しいタブが開きます。

ワンポイント

Ctrl + T を連続して押すことで、複数の新規タブを開くことができます。

SECTION 081 同じタブを新しく開く

現在閲覧中のWebページを新しく別のタブで開くことができます。Ctrl+NやCtrl+Tなどと併用して、Webページを閲覧するときに活用しましょう。

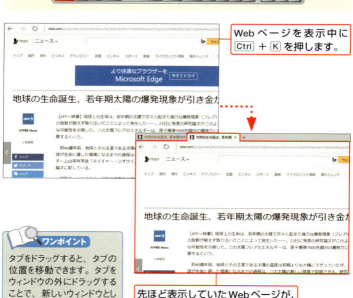

Webページを表示中にCtrl+Kを押します。

先ほど表示していたWebページが、新たに別のタブで開きます。

ワンポイント

タブをドラッグすると、タブの位置を移動できます。タブをウィンドウの外にドラッグすることで、新しいウィンドウとして表示することも可能です。

SECTION 082 タブを切り替える

複数のタブを開いているときに、すばやく別のタブに切り替えることができます。なお、現在閲覧しているタブの1つ右側のタブが表示されます。

複数のタブを起動した状態で Ctrl + Tab を押します。

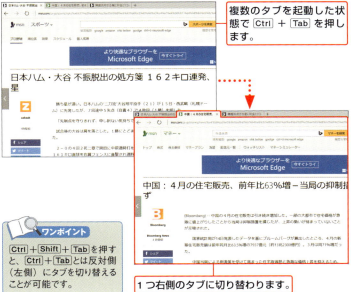

1つ右側のタブに切り替わります。

ワンポイント

Ctrl + Shift + Tab を押すと、Ctrl + Tab とは反対側（左側）にタブを切り替えることが可能です。

SECTION 083 タブを指定して切り替える

複数のタブを開いたウィンドウでWebページを閲覧しているときに、開きたいタブを指定して、すばやく開くことができます。

`Ctrl` + `1` ～ `8` ※テンキー不可

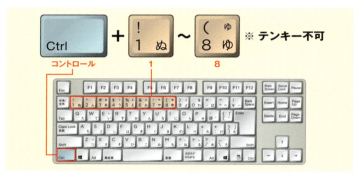

複数のタブを起動した状態で `Ctrl` + `1` ～ `8` （ここでは `5`）を押します。

左から5番目のタブが表示されます。

ワンポイント

タブには表示順に1～8の番号が割り振られます。8個以上タブを開いている場合、`Ctrl` + `Tab` （P.95参照）や、`Ctrl` + `9` （P.97参照）などを利用しましょう。

SECTION 084 最後のタブに切り替える

複数のタブを開いるとき、一番右側にあるタブに切り替えることができます。タブの数に関わらず、常にもっとも右のタブが表示されます。

※ テンキー不可

複数のタブを起動した状態で Ctrl + 9 を押します。

一番右のタブに切り替わります。

ワンポイント

Ctrl + 1 ～ 8 と異なり、Ctrl + 9 はタブをいくつ開いていても常に一番右のタブに切り替えることができます。

IE Edge

SECTION 085 リンクを新しいタブで開く

リンク先のWebページを新しいタブで開くことができます。気になるページを開いておいて、あとからまとめて確認することができます。

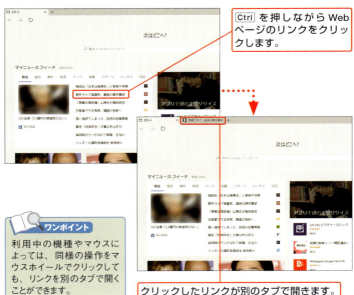

Ctrl を押しながら Web ページのリンクをクリックします。

クリックしたリンクが別のタブで開きます。

ワンポイント

利用中の機種やマウスによっては、同様の操作をマウスホイールでクリックしても、リンクを別のタブで開くことができます。

IE Edge

SECTION 086 開いているタブを閉じる

現在表示しているタブを閉じることができます。タブを閉じると、1つ右側のタブがWebブラウザーに表示されます。

複数のタブを起動した状態で Ctrl + W を押します。

表示していたタブが閉じます。

ワンポイント

Ctrl + F4 でも同様にタブを閉じることが可能です。なお、タブが閉じると、1つ右側のタブに切り替わって表示されます。

SECTION 087 閉じたタブをもう一度開く

誤ってタブを閉じてしまった場合に、もう一度同じタブを開き直すことができます。開き直したタブは、閉じる前のタブと同じ位置に表示されます。

タブを閉じた直後に Ctrl + Shift + T を押します。

閉じてしまったタブがもう一度表示されます。

ワンポイント

会員登録ページなど、閉じてしまったタブ内で情報入力をしていた場合、Ctrl + Shift + T を押しても入力した情報は消えてしまいます。また、ページによっては開き直せない場合もあるので注意しましょう。

IE Edge

SECTION 088
アドレスバーを選択する

すばやくアドレスバーを選択することができます。アドレスバーに直接URLを入力したり、キーワード検索をしたりするときに便利です。

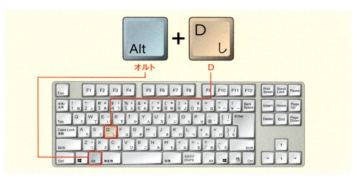

オルト / D

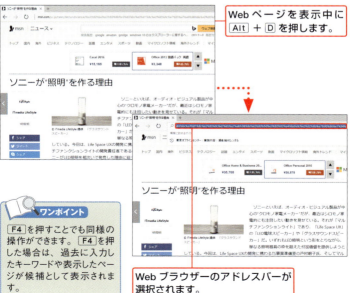

Webページを表示中に `Alt` + `D` を押します。

Webブラウザーのアドレスバーが選択されます。

ワンポイント

`F4` を押すことでも同様の操作ができます。`F4` を押した場合は、過去に入力したキーワードや表示したページが候補として表示されます。

第4章 Webブラウザー

101

SECTION 089 InPrivateウィンドウを開く

InPrivateウィンドウを利用することで、ページの閲覧履歴や一時ファイルなどを保存せずに、パソコンからの情報漏洩を防ぐことができます。

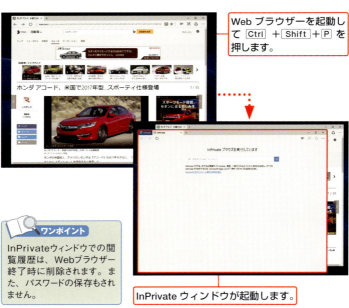

Webブラウザーを起動して Ctrl + Shift + P を押します。

InPrivateウィンドウが起動します。

ワンポイント

InPrivateウィンドウでの閲覧履歴は、Webブラウザー終了時に削除されます。また、パスワードの保存もされません。

SECTION 090 Webページ内の文字を検索する

閲覧中のWebページ内をキーワードで検索できます。該当したキーワードには色付きのマーカーが引かれます。

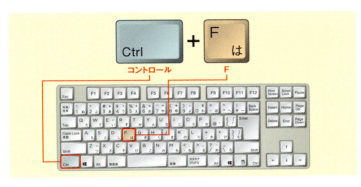

Webページを表示中に Ctrl + F を押します。

キーワードの検索バーが表示されます。

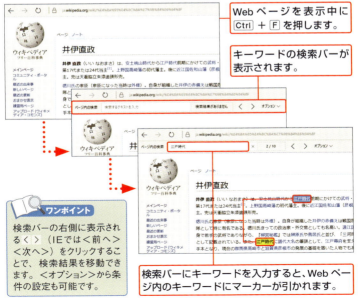

検索バーにキーワードを入力すると、Webページ内のキーワードにマーカーが引かれます。

ワンポイント

検索バーの右側に表示される< >（IEでは<前へ><次へ>）をクリックすることで、検索結果を移動できます。<オプション>から条件の設定も可能です。

IE Edge

SECTION 091 Webページを「お気に入り」に登録する

閲覧しているWebページをお気に入りに登録することができます。その際、名前や振り分けるフォルダを設定することもできます。

お気に入りに登録したいWebページを表示してCtrl + Dを押します。

<追加>をクリックすると、お気に入りに登録できます。

ワンポイント

お気に入りに登録する際に、「名前」や「保存する場所」を変更することも可能です。<新しいフォルダーの作成>をクリックすると、新規のフォルダにブックマークを追加できます。

SECTION 092 お気に入りからWebページを開く

すでにお気に入りに登録されているWebページやフォルダのリストを、すばやく呼び出すことができます。

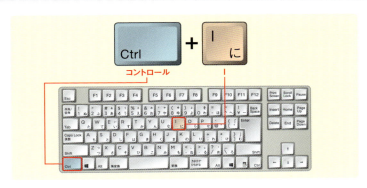

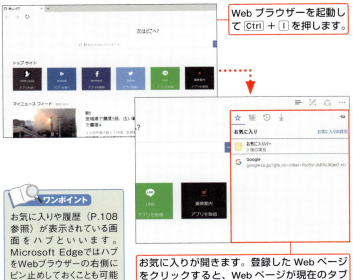

Web ブラウザーを起動して Ctrl + I を押します。

お気に入りが開きます。登録した Web ページをクリックすると、Web ページが現在のタブで開きます。

ワンポイント

お気に入りや履歴（P.108参照）が表示されている画面をハブといいます。Microsoft Edgeではハブを Web ブラウザーの右側にピン止めしておくことも可能です。

| | IE | Edge |

SECTION 093 ダウンロードしたファイルを確認する

Webページからダウンロードしたファイルを確認することができます。過去にダウンロードしたファイルが一覧で表示されます。

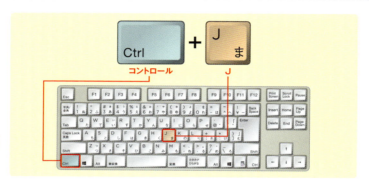

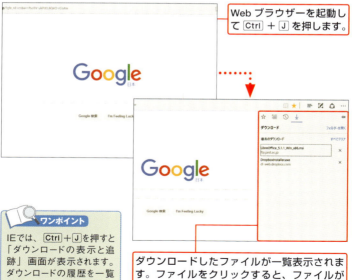

Web ブラウザーを起動して Ctrl + J を押します。

ダウンロードしたファイルが一覧表示されます。ファイルをクリックすると、ファイルが開きます。

ワンポイント

IEでは、Ctrl + J を押すと「ダウンロードの表示と追跡」画面が表示されます。ダウンロードの履歴を一覧表示することが可能です。

SECTION 094 開いているWebページを印刷する

Webブラウザーを印刷するためのプロパティを開くことができます。印刷するページや拡大率などもここから設定できます。

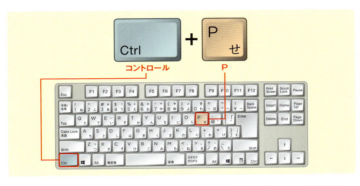

印刷したいWebページを表示して Ctrl + P を押します。

印刷のプロパティが開きます。＜印刷＞をクリックすると、Webページが印刷されます。

ワンポイント

Webページを画像として保存したい場合は、Print Screen（P.22参照）や ⊞ + Print Screen（P.23参照）を利用して、画面のキャプチャを保存しましょう。

IE Edge

SECTION 095 履歴ウィンドウを開く

Webページの閲覧履歴を表示することができます。履歴には過去に閲覧したWebページが、閲覧した時間順に一覧で表示されます。

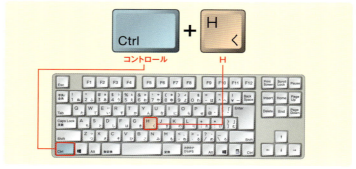

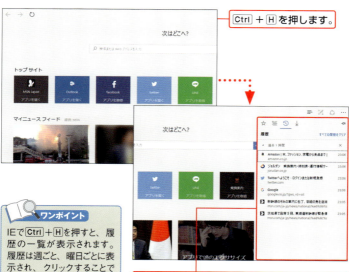

Ctrl + H を押します。

閲覧履歴が一覧表示されます。×をクリックすると、履歴を削除できます。

ワンポイント

IEで Ctrl + H を押すと、履歴の一覧が表示されます。履歴は週ごと、曜日ごとに表示され、クリックすることでWebページの履歴が一覧で表示されます。

第 5 章
Office共通のショートカットキー

Windowsのショートカットキーは、そのほとんどをOfficeアプリでも利用できます。この章では、ExcelやWord、Outlook共通で使えるショートカットキーの一部を解説します。Windowsと同様に使いこなしましょう。

SECTION 096 ファイルを開く

現在使用しているものとは異なるファイルを開くための画面が表示されます。開ける拡張子はアプリによってそれぞれ異なります。

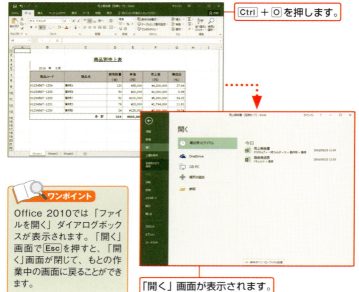

Ctrl + O を押します。

「開く」画面が表示されます。

ワンポイント

Office 2010では「ファイルを開く」ダイアログボックスが表示されます。「開く」画面でEscを押すと、「開く」画面が閉じて、もとの作業中の画面に戻ることができます。

SECTION 097 ファイルを新規作成する

作業しているものとは異なるファイルを新たに作成することができます。何度か押すと、そのたびに新しいファイルが作成されていきます。

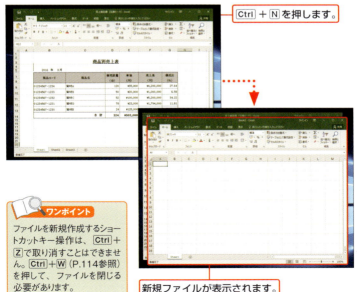

Ctrl + N を押します。

新規ファイルが表示されます。

ワンポイント
ファイルを新規作成するショートカットキー操作は、Ctrl + Z で取り消すことはできません。Ctrl + W（P.114参照）を押して、ファイルを閉じる必要があります。

SECTION 098 ファイルを保存する

ファイルに名前を付けて保存します。すでに保存しているファイルを開いてこの操作を行うと、別のファイルとして名前を付けて保存できます。

第5章 Office共通

F12 を押します。

ファイルに名前を付けて保存できます。

ワンポイント

ファイル名を付ける際、すでにあるファイルと同じ名前にしてしまうと、もとのファイルに上書きして保存されてしまいます。保存する前に、ファイル名をよく確認しておきましょう。

SECTION 099 ファイルを上書き保存する

開いているファイルに上書きして保存します。上書き保存するとそれまでのファイルのデータは消えてしまうので、気を付けて利用しましょう。

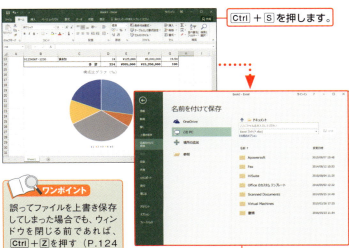

Ctrl + S を押します。

ファイルが上書き保存されます。初めて保存するファイルの場合、「名前を付けて保存」画面が表示されます（P.112参照）。

ワンポイント

誤ってファイルを上書き保存してしまった場合でも、ウィンドウを閉じる前であれば、Ctrl + Z を押す（P.124参照）か、ウィンドウ左上の ↶ をクリックして改めて保存することで、もとに戻すことが可能です。

SECTION 100 ファイルを閉じる

開いているファイルを閉じます。誤って意図せぬ操作をしてしまわないように、ファイルはこまめに保存して閉じておきましょう。

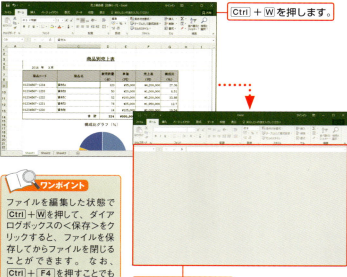

Ctrl + W を押します。

ファイルが閉じます。

ワンポイント

ファイルを編集した状態でCtrl+Wを押して、ダイアログボックスの<保存>をクリックすると、ファイルを保存してからファイルを閉じることができます。なお、Ctrl+F4を押すことでも同様の操作を行えます。

SECTION 101 アプリを終了する

Excel、Wordなどのアプリを終了することができます。Ctrl+Wでの操作と異なり（P.114参照）、アプリだけが残ることはありません。

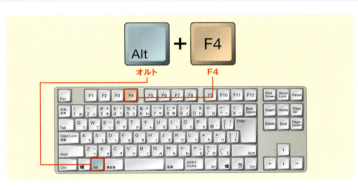

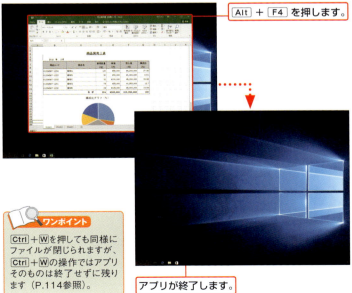

Alt + F4 を押します。

アプリが終了します。

ワンポイント

Ctrl+Wを押しても同様にファイルが閉じられますが、Ctrl+Wの操作ではアプリそのものは終了せずに残ります（P.114参照）。

SECTION 102 ファイルを印刷する

ファイルを開いた状態から、すぐに印刷プレビューを表示できます。メニューを操作する必要がなく、かんたんにファイルを印刷できます。

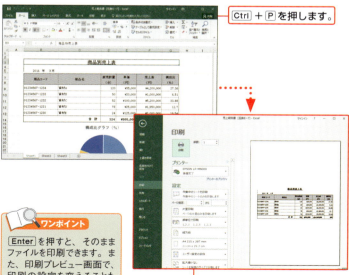

Ctrl + P を押します。

印刷プレビューが表示されます。

ワンポイント

Enter を押すと、そのままファイルを印刷できます。また、印刷プレビュー画面で、印刷の設定を変えることも可能です。

SECTION 103 リボンを非表示にする

Officeでは、リボンと呼ばれるインターフェイスにさまざまなコマンドが表示されています。リボンを非表示にすると、より広範囲を確認できます。

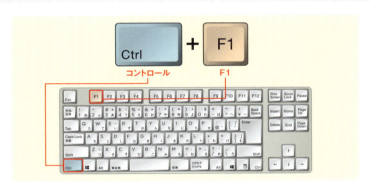

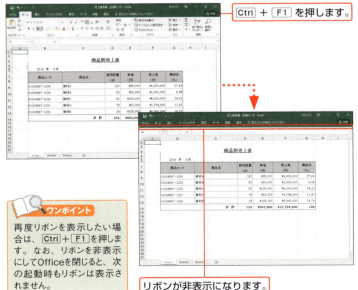

Ctrl + F1 を押します。

リボンが非表示になります。

ワンポイント

再度リボンを表示したい場合は、Ctrl + F1 を押します。なお、リボンを非表示にしてOfficeを閉じると、次の起動時もリボンは表示されません。

SECTION 104 文書やワークシートの表示倍率を変更する

表示倍率を変更して、表示が小さく見づらい場合に画面を拡大したり、全体を確認したい場合に画面を縮小したりできます。

コントロール ＋ マウスホイールを回転

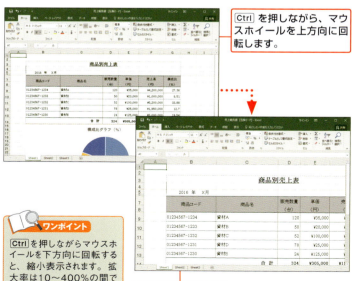

Ctrl を押しながら、マウスホイールを上方向に回転します。

拡大表示されます。

ワンポイント

Ctrl を押しながらマウスホイールを下方向に回転すると、縮小表示されます。拡大率は10～400％の間で設定することが可能です。

SECTION 105 ショートカットメニューを表示する

マウスの右クリックと同様のショートカットメニューやミニツールバーを表示します。マウスに持ち替えることなく、すばやく操作できます。

[≣]を押します。

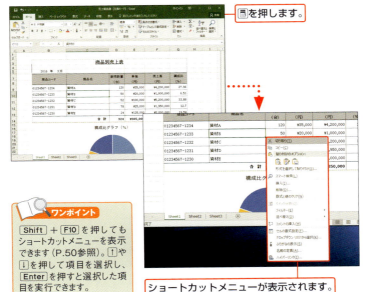

ショートカットメニューが表示されます。

ワンポイント

[Shift]+[F10]を押してもショートカットメニューを表示できます（P.50参照）。[↑]や[↓]を押して項目を選択し、[Enter]を押すと選択した項目を実行できます。

SECTION 106 選択や表示をキャンセルする

間違って実行してしまった項目などを取り消すことができます。選択のやり直しや、ショートカットメニューを閉じるときなどに利用します。

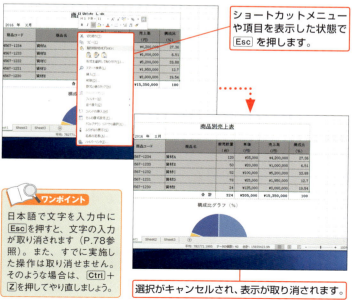

ショートカットメニューや項目を表示した状態で[Esc]を押します。

選択がキャンセルされ、表示が取り消されます。

ワンポイント

日本語で文字を入力中に[Esc]を押すと、文字の入力が取り消されます(P.78参照)。また、すでに実施した操作は取り消せません。そのような場合は、[Ctrl]+[Z]を押してやり直しましょう。

SECTION 107 文字を検索する

ファイル内の文字を検索することができます。項目やキーワードが見つからないときは、目で見るよりも検索で手早く探しましょう。

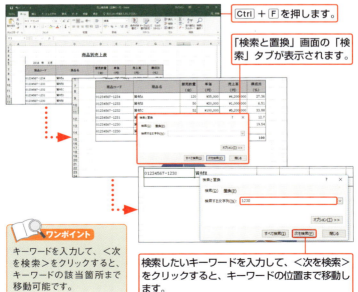

Ctrl + F を押します。

「検索と置換」画面の「検索」タブが表示されます。

検索したいキーワードを入力して、<次を検索>をクリックすると、キーワードの位置まで移動します。

ワンポイント

キーワードを入力して、<次を検索>をクリックすると、キーワードの該当箇所まで移動可能です。

SECTION 108 文字を置換する

特定の文字を変更したい場合は、文字を検索して置換しましょう。一括置換のほか、個別に置換するかを選択することも可能です。

Ctrl + H を押します。

「検索と置換」画面の「置換」タブが表示されます。

ワンポイント

<置換>をクリックして、1つずつ個別に置換することが可能です。一括置換では、文字が機械的に置き換えられるため、置換してほしくない文字も置換されてしまうので注意しましょう。

置換する文字列と置換後の文字列を入力し、<置換>をクリックすると、文字列が置換されます。

SECTION 109 直前の操作をくり返す

直前に行っていた操作を、かんたんにくり返すことができます。同じ操作を連続して行いたいときに活用しましょう。

操作（ここでは列の挿入）の直後に F4 を押します。

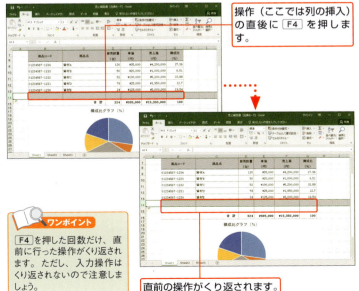

直前の操作がくり返されます。

ワンポイント

F4 を押した回数だけ、直前に行った操作がくり返されます。ただし、入力操作はくり返されないので注意しましょう。

SECTION 110 操作を取り消す／もとに戻す

実行した操作を取り消したり、もとに戻したりできます。Ctrl+Zが「戻る」、Ctrl+Yが「進む」とセットで覚えましょう。

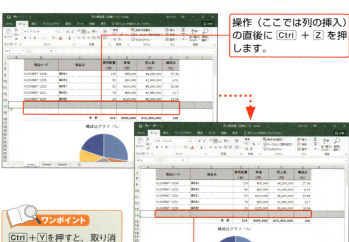

操作（ここでは列の挿入）の直後にCtrl+Zを押します。

操作が取り消されます。

ワンポイント

Ctrl+Yを押すと、取り消された操作をもとに戻すことができます。ただし、一度ファイルを閉じてしまうと、操作の取り消しや、操作をもとに戻すことはできなくなります。

SECTION 111 キーボードでリボンを操作する

ファイルやエクスプローラーと同様に、Officeでもリボンをキーボードだけで操作することができます。

Alt ＋ リボンに表示される英数字

オルト

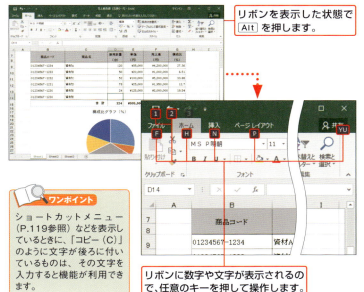

リボンを表示した状態で Alt を押します。

リボンに数字や文字が表示されるので、任意のキーを押して操作します。

ワンポイント

ショートカットメニュー（P.119参照）などを表示しているときに、「コピー（C）」のように文字が後ろに付いているものは、その文字を入力すると機能が利用できます。

SECTION 112 スマート検索を利用する

どこに目的の項目があるかわからない場合は、スマート検索を利用します。項目や機能をキーワードで検索して実行することができます。

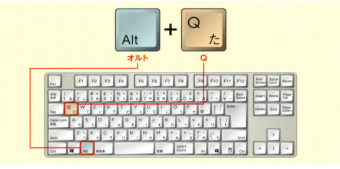

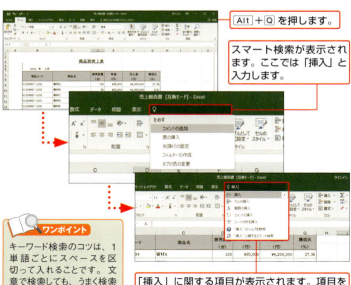

Alt + Q を押します。

スマート検索が表示されます。ここでは「挿入」と入力します。

「挿入」に関する項目が表示されます。項目をクリックすることで実行できます。

ワンポイント

キーワード検索のコツは、1単語ごとにスペースを区切って入れることです。文章で検索しても、うまく検索結果に表示されません。

第 **6** 章

Excelの
ショートカットキー

セルの選択やコピー、ワークシートの切り替えといったExcelの基本的な操作にはすべてショートカットキーが割り振られています。セルの内容を自動的に補完するオートフィルなどの便利な機能とともに覚えておきましょう。

SECTION 113 セルの内容を編集する

キーボード操作でセルの内容を編集できます。マウスに持ち替えてダブルクリックするよりも、すばやく作業を行うことができます。

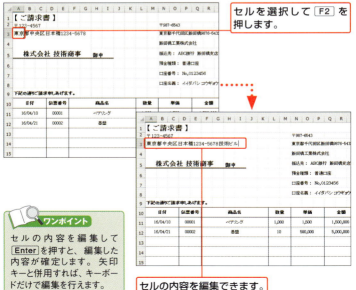

セルを選択して F2 を押します。

セルの内容を編集できます。

ワンポイント

セルの内容を編集して Enter を押すと、編集した内容が確定します。矢印キーと併用すれば、キーボードだけで編集を行えます。

SECTION 114 セル内で改行する

入力しているセル内で改行することができます。任意の位置で改行できるので、資料の体裁を整えるときなどに便利です。

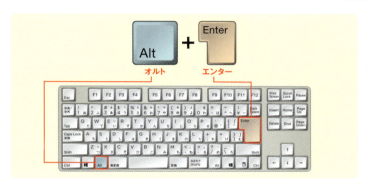

改行したい箇所にカーソルを移動して Alt + Enter を押します。

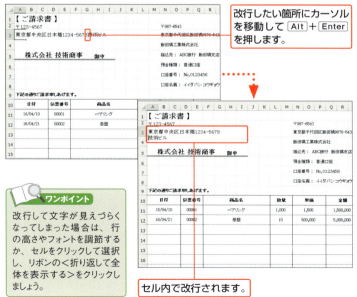

セル内で改行されます。

ワンポイント

改行して文字が見えづらくなってしまった場合は、行の高さやフォントを調節するか、セルをクリックして選択し、リボンの<折り返して全体を表示する>をクリックしましょう。

SECTION 115 オートフィルでデータをすばやく入力する

オートフィルとは、自動的に連続したセルの内容を補完して埋めてくれる機能です。ドラッグするだけで、かんたんに利用できます。

セルを選択して□をドラッグします。

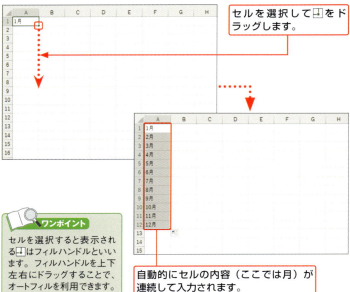

自動的にセルの内容（ここでは月）が連続して入力されます。

ワンポイント

セルを選択すると表示される□はフィルハンドルといいます。フィルハンドルを上下左右にドラッグすることで、オートフィルを利用できます。

書式だけをコピーする

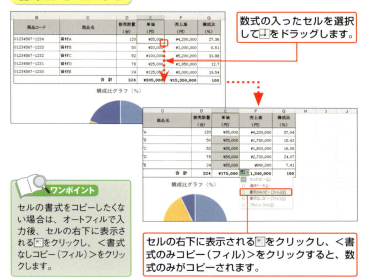

数式の入ったセルを選択して□をドラッグします。

セルの右下に表示される図をクリックし、＜書式のみコピー（フィル）＞をクリックすると、数式のみがコピーされます。

> **ワンポイント**
>
> セルの書式をコピーしたくない場合は、オートフィルで入力後、セルの右下に表示される図をクリックし、＜書式なしコピー（フィル）＞をクリックします。

オートフィルを無効にする

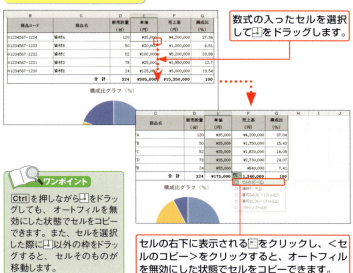

数式の入ったセルを選択して□をドラッグします。

セルの右下に表示される図をクリックし、＜セルのコピー＞をクリックすると、オートフィルを無効にした状態でセルをコピーできます。

> **ワンポイント**
>
> Ctrlを押しながら□をドラッグしても、オートフィルを無効にした状態でセルをコピーできます。また、セルを選択した際に□以外の枠をドラッグすると、セルそのものが移動します。

第6章 Excel

SECTION 116 指定したセルに移動する

選択したいセルが遠い場合などは、「ジャンプ」画面を活用しましょう。定義やセルの位置を入力して、目的のセルに移動するとができます。

F5 を押します。

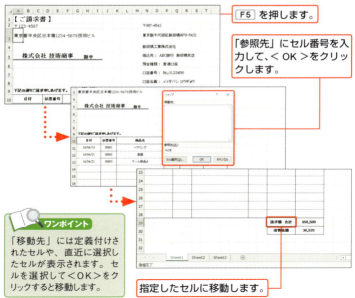

「参照先」にセル番号を入力して、＜OK＞をクリックします。

ワンポイント

「移動先」には定義付けされたセルや、直近に選択したセルが表示されます。セルを選択して＜OK＞をクリックすると移動します。

指定したセルに移動します。

SECTION 117 入力後に上のセルに移動する

セルを入力して内容を確定したあとに、1つ上のセルを選択することができます。1つ下のセルを選択する Enter と使い分けましょう。

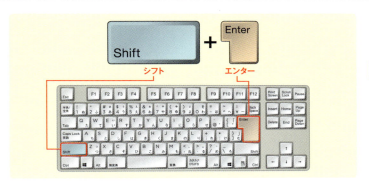

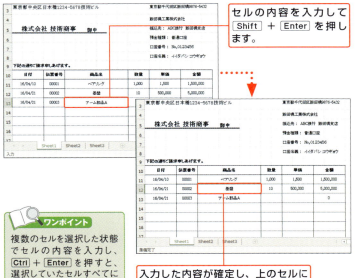

セルの内容を入力して Shift + Enter を押します。

入力した内容が確定し、上のセルに移動します。

ワンポイント

複数のセルを選択した状態でセルの内容を入力し、Ctrl + Enter を押すと、選択していたセルすべてに同じ内容を入力できます。

SECTION 118 左右のセルに移動する

セルの移動は矢印キーを利用するのが一般的ですが、Tabを押しても移動できます。上下への移動（P.133参照）とあわせて覚えましょう。

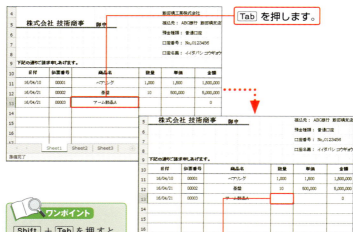

Tabを押します。

入力した内容が確定し、右のセルに移動します。

ワンポイント

Shift + Tab を押すと、左のセルに移動できます。矢印キーと異なり、複数のセルを選択する場合には使えないので注意しましょう（P.145参照）。

SECTION 119 現在の日付を入力する

セルに現在の日付を西暦から自動で入力します。ブックの作成日時などを、カレンダーや時計で確認することなく入力できます。

Ctrl + ; を押します。

現在の日付が入力されます。

ワンポイント

Ctrl + : を押すと、現在の時刻を入力できます。この機能は、シート名の変更時やファイル名の入力時には利用できません。

SECTION 120 1つ上のセルをコピーする

1つ上のセルの内容をコピーすることができます。1つの行の内容を、連続してコピーしたいときなどに役に立ちます。

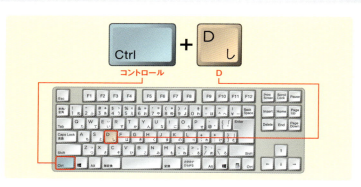

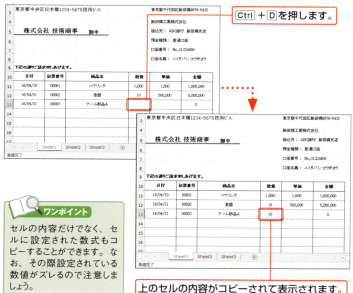

Ctrl + D を押します。

上のセルの内容がコピーされて表示されます。

ワンポイント

セルの内容だけでなく、セルに設定された数式もコピーすることができます。なお、その際設定されている数値がズレるので注意しましょう。

SECTION 121 1つ左のセルをコピーする

上のセルと同様、1つ左のセルの内容もショートカットキーでコピーできます。Ctrl+D（P.136参照）と併用して効率をアップさせましょう。

コントロール　　R

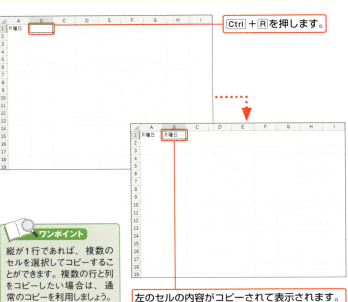

Ctrl+Rを押します。

左のセルの内容がコピーされて表示されます。

ワンポイント

縦が1行であれば、複数のセルを選択してコピーすることができます。複数の行と列をコピーしたい場合は、通常のコピーを利用しましょう。

2010 2013 2016

SECTION 122 ワークシートを切り替える

マウスに持ち替えることなく、ワークシートを切り替えることができます。
入力中に別のワークシートを確認したいときなどに便利です。

第6章 Excel

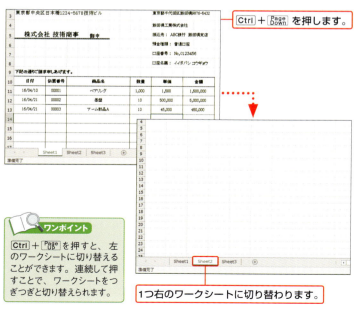

`Ctrl` + `Page Down` を押します。

1つ右のワークシートに切り替わります。

ワンポイント

`Ctrl` + `Page Up` を押すと、左のワークシートに切り替えることができます。連続して押すことで、ワークシートをつぎつぎと切り替えられます。

SECTION 123 新規ワークシートを挿入する

新しくワークシートを挿入します。現在のワークシートの左側に挿入されますが、この位置は挿入後にドラッグして任意の位置に変更可能です。

Shift + F11 を押します。

新規ワークシートが追加されて表示されます。

ワンポイント

ワークシートの見出しを左右にドラッグすることで、シートを好きな順番に並び替えることができます。

SECTION 124 ワークシートをコピーする

すでに作成してあるワークシートをコピーすることができます。一度に複数のワークシートをコピーすることも可能です。

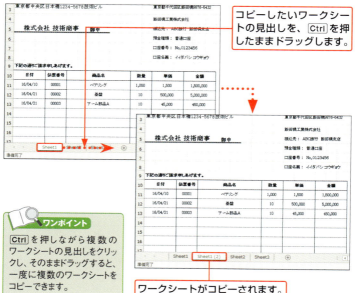

コピーしたいワークシートの見出しを、Ctrlを押したままドラッグします。

ワークシートがコピーされます。

ワンポイント

Ctrlを押しながら複数のワークシートの見出しをクリックし、そのままドラッグすると、一度に複数のワークシートをコピーできます。

SECTION 125 セルや行、列を挿入する

任意の位置にセルや行、列を追加することができます。既存のセルが移動する方向も指定できるので、目的に合ったものを選択しましょう。

セルや行、列を追加したいセルを選択して Ctrl + Shift + + を押します。

ここでは＜下方向にシフト＞→＜OK＞の順にクリックします。

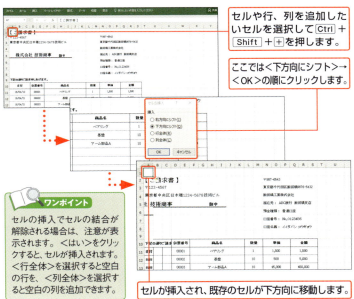

ワンポイント

セルの挿入でセルの結合が解除される場合は、注意が表示されます。＜はい＞をクリックすると、セルが挿入されます。＜行全体＞を選択すると空白の行を、＜列全体＞を選択すると空白の列を追加できます。

セルが挿入され、既存のセルが下方向に移動します。

SECTION 126 セルや行、列を削除する

指定したセルや行、列を削除してセルを詰めることができます。詰める向き、削除する範囲は挿入（P.141参照）と同様に選択して指定できます。

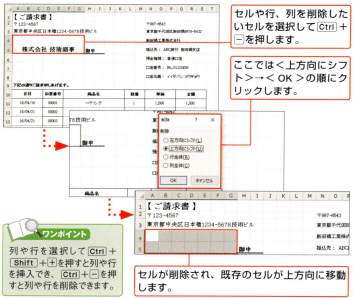

セルや行、列を削除したいセルを選択して Ctrl + − を押します。

ここでは＜上方向にシフト＞→＜OK＞の順にクリックします。

セルが削除され、既存のセルが上方向に移動します。

ワンポイント

列や行を選択して Ctrl + Shift + + を押すと列や行を挿入でき、Ctrl + − を押すと列や行を削除できます。

SECTION 127

セルを別の場所に挿入する

セルの内容を別の場所に挿入することができます。入力したセルの順番を入れ替えたいときなどに役に立ちます。

シフト ＋ ドラッグ

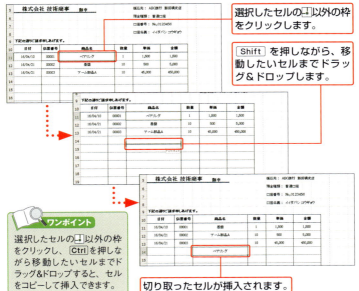

選択したセルの⇩以外の枠をクリックします。

Shift を押しながら、移動したいセルまでドラッグ＆ドロップします。

切り取ったセルが挿入されます。

ワンポイント

選択したセルの⇩以外の枠をクリックし、Ctrl を押しながら移動したいセルまでドラッグ＆ドロップすると、セルをコピーして挿入できます。

SECTION 128 行を選択する

現在のセルを含む行を選択することができます。日本語入力がオンの場合、この機能は利用できません。使用する際は前もって確認しましょう。

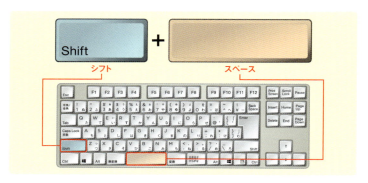

Shift + スペース
シフト

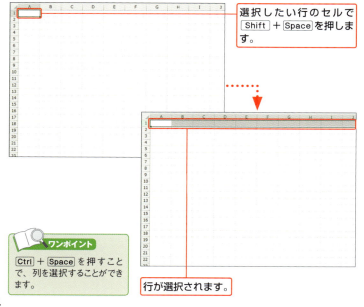

選択したい行のセルで Shift + Space を押します。

行が選択されます。

> **ワンポイント**
> Ctrl + Space を押すことで、列を選択することができます。

SECTION 129 セルの選択範囲を拡張する

セルの選択範囲を拡大することができます。複数のセルを選択することで、文字や罫線の設定をまとめて行うことができます。

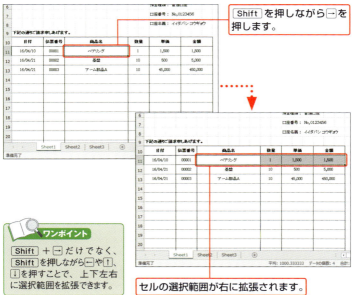

Shiftを押しながら→を押します。

セルの選択範囲が右に拡張されます。

ワンポイント

Shift + →だけでなく、Shiftを押しながら←や↑、↓を押すことで、上下左右に選択範囲を拡張できます。

SECTION 130 空白以外の最後のセルまで選択範囲を拡張する

空白以外の最後のセルまでの範囲を選択することができます。表の中のセルを選択するときなどに利用しましょう。

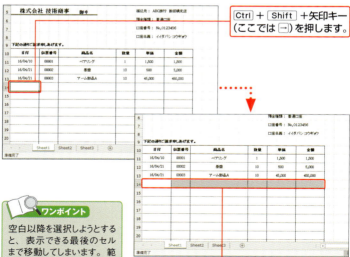

Ctrl + Shift +矢印キー（ここでは →）を押します。

空白以外の最後のセルまで選択範囲を設定できます。

ワンポイント

空白以降を選択しようとすると、表示できる最後のセルまで移動してしまいます。範囲がわからなくなった場合は、Ctrl + Home を押してA1セルに移動しましょう。

SECTION 131 矢印キーでのセル移動を無効にする

通常、矢印キーを押すとセルを上下左右に移動できます。SCROLL LOCK を押すことで、選択したセルを移動せずに表示範囲を変更することができます。

固定したいセルを選択して SCROLL LOCK を押します。

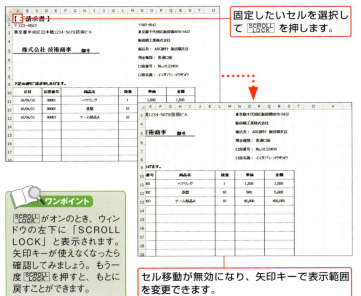

セル移動が無効になり、矢印キーで表示範囲を変更できます。

ワンポイント

SCROLL LOCK がオンのとき、ウィンドウの左下に「SCROLL LOCK」と表示されます。矢印キーが使えなくなったら確認してみましょう。もう一度 SCROLL LOCK を押すと、もとに戻すことができます。

2010 2013 2016

SECTION 132 ワークシート内で1画面上下にスクロールする

現在表示されている範囲を1画面として、ワークシート内を1画面ずつ大きくスクロールします。[Shift]と組み合わせて範囲選択も可能です。

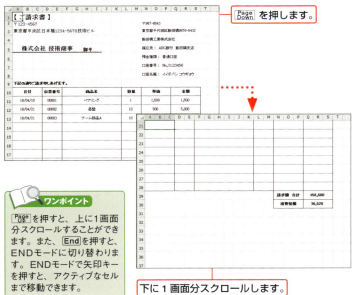

[Page Down]を押します。

下に1画面分スクロールします。

ワンポイント

[Page Up]を押すと、上に1画面分スクロールすることができます。また、[End]を押すと、ENDモードに切り替わります。ENDモードで矢印キーを押すと、アクティブなセルまで移動できます。

2010 2013 2016

SECTION 133 ワークシート内で1画面左右にスクロールする

1画面ずつのスクロールは、左右方向にも移動ができます。横に長い表などを作成する場合、スクロールバーなどよりもすばやく操作できます。

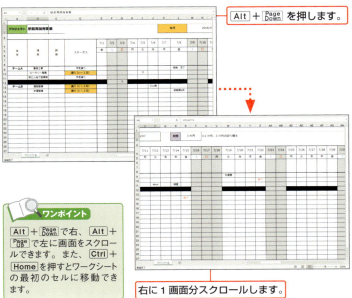

`Alt` + `Page Down` を押します。

右に1画面分スクロールします。

> **ワンポイント**
> `Alt` + `Page Down` で右、`Alt` + `Page Up` で左に画面をスクロールできます。また、`Ctrl` + `Home` を押すとワークシートの最初のセルに移動できます。

第6章 Excel

SECTION 134 ブックを切り替える

複数のブックを起動しているときに、それらを順番に切り替えることができます。編集するブックを取り違えないように注意しましょう。

Ctrl コントロール ＋ F6

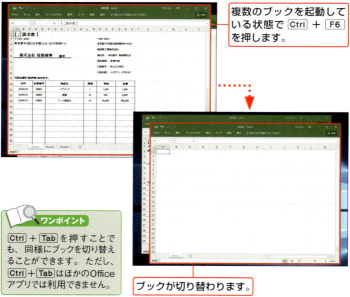

複数のブックを起動している状態で Ctrl ＋ F6 を押します。

ブックが切り替わります。

> **ワンポイント**
> Ctrl ＋ Tab を押すことでも、同様にブックを切り替えることができます。ただし、Ctrl ＋ Tab はほかのOfficeアプリでは利用できません。

第 7 章
Wordの
ショートカットキー

キーボードでの入力操作が中心となるWordでは、ショートカットキーを使えるか否かで作業の効率やスピードが大幅に変わります。書式の設定や文書内の移動など、使用頻度の高い操作はショートカットキーを使えるようにしましょう。

次のページまで改行する

次のページの先頭まで、一度に改行することができます。 Enter の改行と異なり、文字数などに変更があっても基本的に影響はありません。

改ページしたい行で Ctrl + Enter を押します。

次のページまで改行されます。

ワンポイント

Shift + Enter を押すと、段落を変えることなく改行をすることができます。箇条書きや段落書式を設定しているときに使ってみましょう。

SECTION 136 文字の大きさを変更する

文字の大きさ(フォントサイズ)を変更します。1回押すたびに、現在の大きさから1ポイント(約0.35mm)ずつフォントサイズが大きくなります。

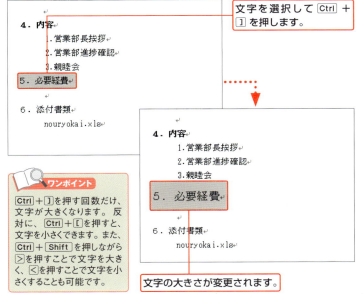

文字を選択して Ctrl +] を押します。

文字の大きさが変更されます。

ワンポイント

Ctrl +] を押す回数だけ、文字が大きくなります。反対に、Ctrl + [を押すと、文字を小さくできます。また、Ctrl + Shift を押しながら > を押すことで文字を大きく、< を押すことで文字を小さくすることも可能です。

SECTION 137 文字に書式を設定する

選択した文字に書式を設定します。入力前に書式を設定したり、複数の書式を同じ文字に設定したりも可能です。

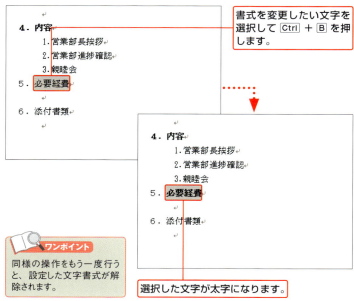

書式を変更したい文字を選択して Ctrl + B を押します。

選択した文字が太字になります。

ワンポイント

同様の操作をもう一度行うと、設定した文字書式が解除されます。

文字に下線を引く

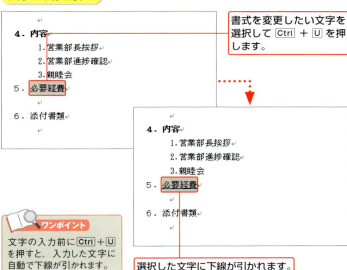

書式を変更したい文字を選択して Ctrl + U を押します。

選択した文字に下線が引かれます。

ワンポイント

文字の入力前に Ctrl + U を押すと、入力した文字に自動で下線が引かれます。

複数の書式を選択する

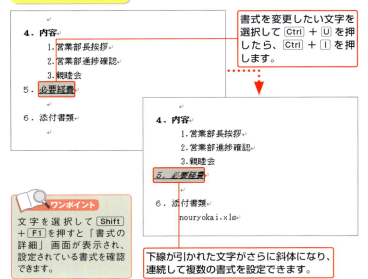

書式を変更したい文字を選択して Ctrl + U を押したら、Ctrl + I を押します。

下線が引かれた文字がさらに斜体になり、連続して複数の書式を設定できます。

ワンポイント

文字を選択して Shift + F1 を押すと「書式の詳細」画面が表示され、設定されている書式を確認できます。

SECTION 138 特殊な書式を設定する

2010 2013 2016

選択した文字に、上付き文字や下付き文字などの特殊な書式を設定します。一般的な書式（P.154参照）と組み合わせて使うこともできます。

Ctrl （コントロール） + Shift （シフト） + + （プラス）

$CO2$

上付きにしたい文字を選択して Ctrl + Shift + + を押します。

CO^2

選択した文字が上付き文字になります。

ワンポイント

Ctrl + Space を押すと、もとの書式に戻ります。 Ctrl + Z を押してやり直すことも可能です（P.124参照）。

下付き文字を指定する

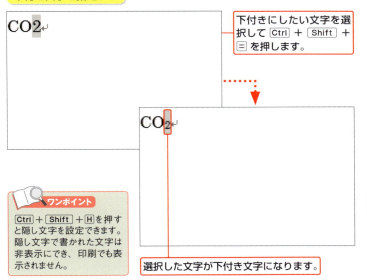

下付きにしたい文字を選択して [Ctrl] + [Shift] + [=] を押します。

選択した文字が下付き文字になります。

ワンポイント

[Ctrl] + [Shift] + [H] を押すと隠し文字を設定できます。隠し文字で書かれた文字は非表示にでき、印刷でも表示されません。

文字に二重下線を引く

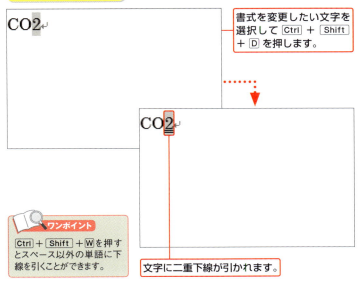

書式を変更したい文字を選択して [Ctrl] + [Shift] + [D] を押します。

文字に二重下線が引かれます。

ワンポイント

[Ctrl] + [Shift] + [W] を押すとスペース以外の単語に下線を引くことができます。

SECTION 139 段落の位置を揃える

Wordの段落は、通常左揃えになっています。ショートカットキーを使うことで、すぐに段落を中央揃えや左揃えに変更できます。

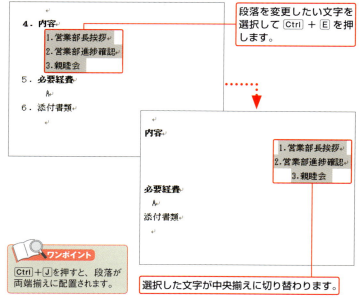

段落を変更したい文字を選択して Ctrl + E を押します。

選択した文字が中央揃えに切り替わります。

ワンポイント
Ctrl + J を押すと、段落が両端揃えに配置されます。

左揃えに切り替える

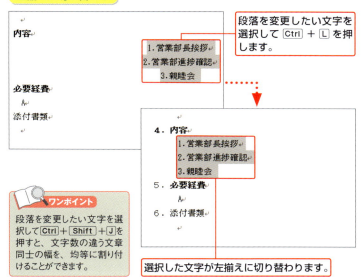

段落を変更したい文字を選択して [Ctrl] + [L] を押します。

選択した文字が左揃えに切り替わります。

ワンポイント

段落を変更したい文字を選択して [Ctrl] + [Shift] + [J] を押すと、文字数の違う文章同士の幅を、均等に割り付けることができます。

右揃えに切り替える

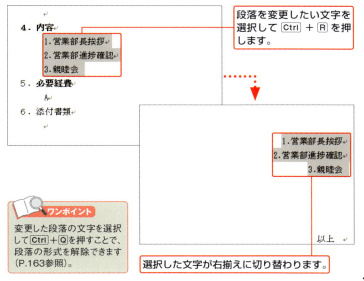

段落を変更したい文字を選択して [Ctrl] + [R] を押します。

選択した文字が右揃えに切り替わります。

ワンポイント

変更した段落の文字を選択して [Ctrl] + [Q] を押すことで、段落の形式を解除できます（P.163参照）。

SECTION 140 アルファベットの大文字を小文字に変換する

アルファベットの大文字と小文字を一括で変換します。また、英文の表記法のように先頭のアルファベットのみを大文字にすることもできます。

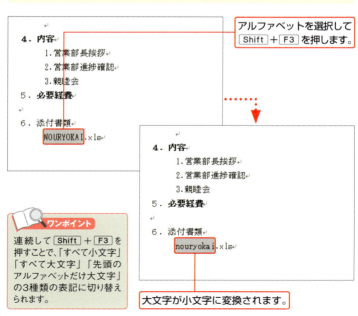

アルファベットを選択して Shift + F3 を押します。

大文字が小文字に変換されます。

ワンポイント

連続して Shift + F3 を押すことで、「すべて小文字」「すべて大文字」「先頭のアルファベットだけ大文字」の3種類の表記に切り替えられます。

SECTION 141 文字の書式だけをコピーする

書式をコピーする際、そのまま（P.35参照）では文字も上書きされます。書式だけのコピーなら、文字を変えずに書式のみコピーできます。

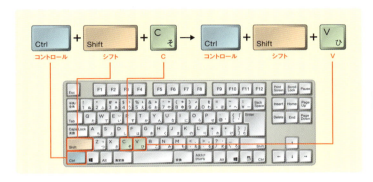

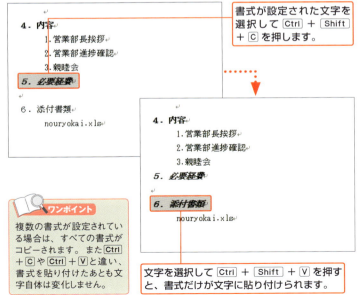

書式が設定された文字を選択して [Ctrl] + [Shift] + [C] を押します。

文字を選択して [Ctrl] + [Shift] + [V] を押すと、書式だけが文字に貼り付けられます。

ワンポイント

複数の書式が設定されている場合は、すべての書式がコピーされます。また [Ctrl] + [C] や [Ctrl] + [V] と違い、書式を貼り付けたあとも文字自体は変化しません。

文字書式を解除する

文字に複数の書式を設定している場合、それぞれ探して解除するのはとても面倒です。一度すべての文字書式を解除し、改めて設定しましょう。

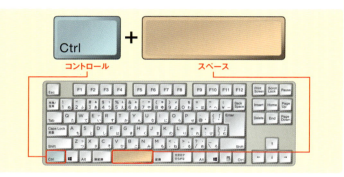

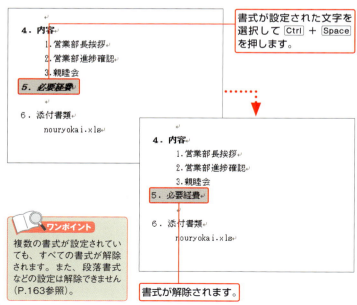

書式が設定された文字を選択して Ctrl + Space を押します。

書式が解除されます。

ワンポイント

複数の書式が設定されていても、すべての書式が解除されます。また、段落書式などの設定は解除できません（P.163参照）。

SECTION 143 段落書式を解除する

揃え位置など、段落書式の設定も解除することができます。文字書式を解除できる Ctrl + Space（P.162参照）とセットで覚えましょう。

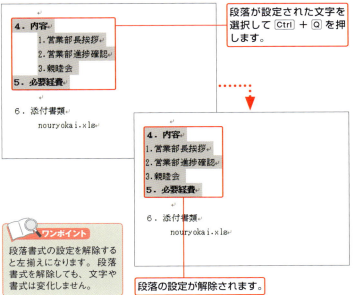

段落が設定された文字を選択して Ctrl + Q を押します。

段落の設定が解除されます。

ワンポイント

段落書式の設定を解除すると左揃えになります。段落書式を解除しても、文字や書式は変化しません。

SECTION 144 スペルミスや文の間違いをチェックする

Wordには自動で文書の構成を行う機能があります。文書がひととおり完成したら、おかしな部分や間違いがないか確認してみましょう。

`F7` を押します。

文章校正結果が表示されます。

ワンポイント

自動文章校正機能では、入力ミスと思われる部分や、英語のスペルミス、不自然な言葉の使い方などをチェックできます。

SECTION 145 1画面上にスクロールする

キーボード操作のみで画面を1画面スクロールできます。文字を入力中にマウスに持ち替える必要がないので、効率的に作業を行えます。

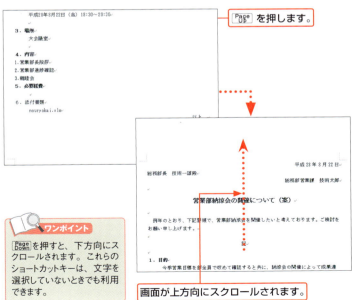

`Page Up` を押します。

画面が上方向にスクロールされます。

ワンポイント

`Page Down` を押すと、下方向にスクロールされます。これらのショートカットキーは、文字を選択していないときでも利用できます。

SECTION 146 行の先頭へ移動する

その時点でカーソルがある行の先頭へ、すばやく移動することができます。
見出しの設定や箇条書きの移動も、すばやく操作を行えます。

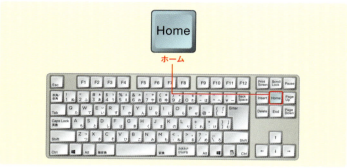

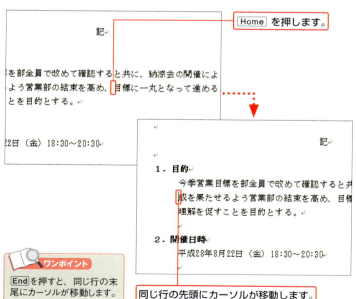

Home を押します。

同じ行の先頭にカーソルが移動します。

ワンポイント
End を押すと、同じ行の末尾にカーソルが移動します。

SECTION 147 表示されている範囲の先頭へ移動する

画面に表示されている範囲の先頭へ移動することができます。画面表示やページに影響されることなく、常に表示範囲での先頭に移動します。

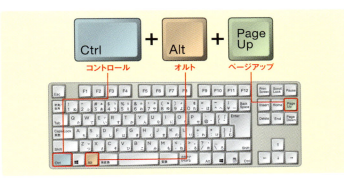

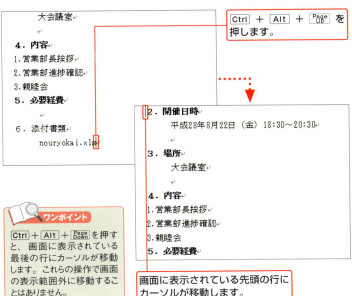

`Ctrl` + `Alt` + `Page Up` を押します。

画面に表示されている先頭の行にカーソルが移動します。

ワンポイント

`Ctrl` + `Alt` + `Page Down` を押すと、画面に表示されている最後の行にカーソルが移動します。これらの操作で画面の表示範囲外に移動することはありません。

SECTION 148 文書の先頭へ移動する

文書の先頭へ移動することができます。セクションや書式、スタイルに関わらず、常に文書の先頭行の行頭にカーソルが移動します。

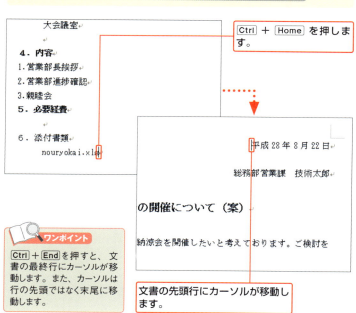

Ctrl + Home を押します。

文書の先頭行にカーソルが移動します。

ワンポイント
Ctrl + End を押すと、文書の最終行にカーソルが移動します。また、カーソルは行の先頭ではなく末尾に移動します。

2010 2013 2016

SECTION 149 文書を分割して表示する

長い文書の複数の箇所を見比べたい場合は、画面を分割するとよいでしょう。分割をすると、それぞれの画面を個別にスクロールできます。

Ctrl + **Alt** + **S**
コントロール　　オルト　　S

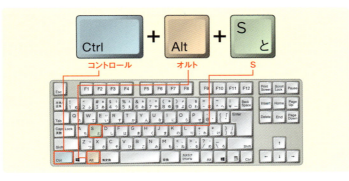

Ctrl + Alt + S を押します。

文書が2つに分割されます。

分割した文書は上下それぞれ別にスクロール可能です。入力・修正した内容は、どちらの画面にも反映されます。

ワンポイント

改ページとは違い、文書自体に変化はありません。分割を解除するには、Alt + Shift + C を押します。リボンの＜表示＞→＜分割の解除＞の順にクリックすることでも解除できます。

直前の編集位置へ移動する

文書の編集中に、意図せずカーソルを別の場所に移動してしまった場合、直前に編集していた位置へ、カーソルを戻すことができます。

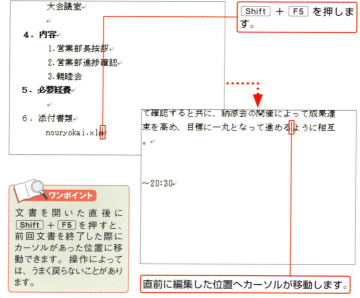

`Shift` + `F5` を押します。

直前に編集した位置へカーソルが移動します。

ワンポイント

文書を開いた直後に `Shift` + `F5` を押すと、前回文書を終了した際にカーソルがあった位置に移動できます。操作によっては、うまく戻らないことがあります。

SECTION 151 正円や正方形を作図する

Wordで作図する際に、正円や正方形を作図できます。ドラッグだけで正確に作図することは困難ですが、正確に作図することが可能です。

シフト ＋ ドラッグ

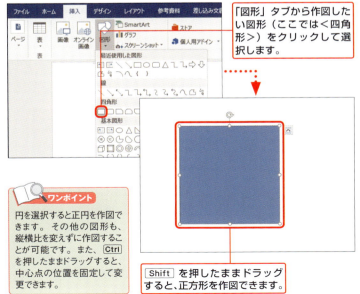

「図形」タブから作図したい図形（ここでは＜四角形＞）をクリックして選択します。

[Shift] を押したままドラッグすると、正方形を作図できます。

ワンポイント

円を選択すると正円を作図できます。その他の図形も、縦横比を変えずに作図することが可能です。また、[Ctrl] を押したままドラッグすると、中心点の位置を固定して変更できます。

SECTION 152 図形や画像の位置を微調整する

図形を矢印キーやドラッグで操作すると、位置が自動で修正されてしまいます。矢印キーを押したときの移動量を小さくして、精密な配置を行います。

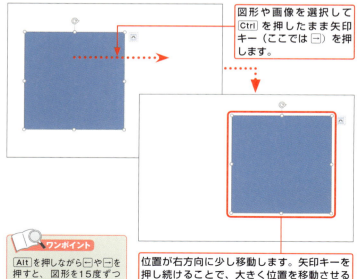

図形や画像を選択してCtrlを押したまま矢印キー（ここでは→）を押します。

位置が右方向に少し移動します。矢印キーを押し続けることで、大きく位置を移動させることも可能です。

ワンポイント

Altを押しながら←や→を押すと、図形を15度ずつ回転できます。

第 **8** 章

Outlookの
ショートカットキー

Outlookでメッセージの送受信を行う場合や、転送、削除、保存用フォルダなどの操作をする場合は、ショートカットキーを活用すると非常に効率的です。また、予定表やアドレス帳も、ショートカットキーで操作可能です。

SECTION 153 新しいメッセージを確認する

新しいメッセージを確認したい場合は、メッセージの送受信を行いましょう。受信したメッセージをすぐに確認することができます。

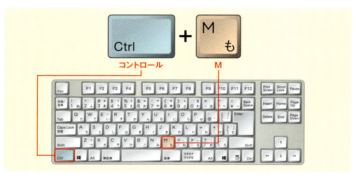

Outlookを起動して Ctrl + M を押します。

メッセージの送受信が行われます。

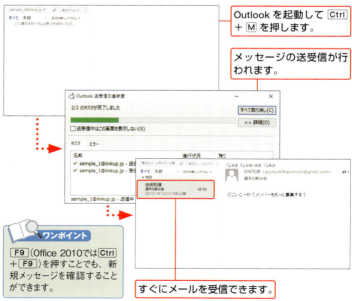

すぐにメールを受信できます。

ワンポイント

F9 (Office 2010ではCtrl + F9) を押すことでも、新規メッセージを確認することができます。

SECTION 154 次のメッセージに移動する

受信トレイや送信トレイのメッセージを表示中に、次のメッセージに移動することができます。複数のメッセージを確認したいときに役立ちます。

コントロール　ピリオド

受信トレイや送信トレイからメッセージを表示して、Ctrl + . を押します。

次のメッセージに移動します。

ワンポイント

この機能を利用するには、Enter やダブルクリックでメッセージを表示しておく必要があります。Ctrl + . を押すと次のメッセージ、Ctrl + , を押すと前のメッセージに移動します。

SECTION 155 アドレス帳を開く

登録しているアドレス帳を開くことができます。アドレス帳では、名前などで検索したり、アドレスを利用してメッセージを作成したりできます。

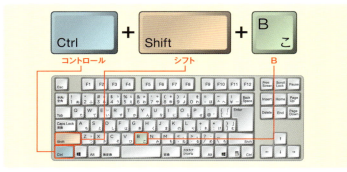

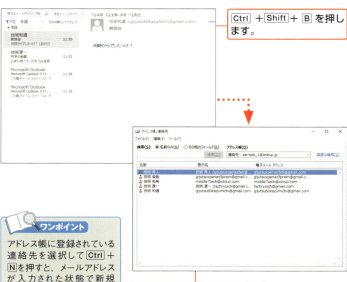

Ctrl + Shift + B を押します。

アドレス帳が表示されます。

> **ワンポイント**
>
> アドレス帳に登録されている連絡先を選択して Ctrl + N を押すと、メールアドレスが入力された状態で新規メッセージを作成できます。

SECTION 156 メッセージを送信する

メッセージの内容を入力したあとで、すばやくメッセージを送信できます。
マウスに持ち替えるよりも、時間を短縮できて便利です。

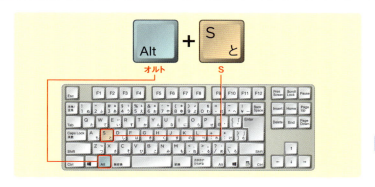

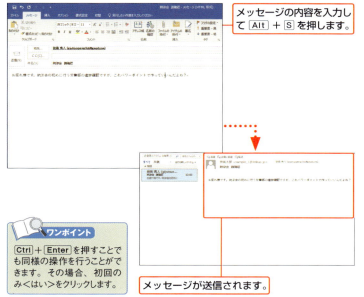

メッセージの内容を入力して Alt + S を押します。

メッセージが送信されます。

ワンポイント

Ctrl + Enter を押すことでも同様の操作を行うことができます。その場合、初回のみ<はい>をクリックします。

SECTION 157 メッセージに返信する

選択しているメッセージへの返信画面を表示します。届いたメールはこまめに確認し、必要であれば迅速に返信しましょう。

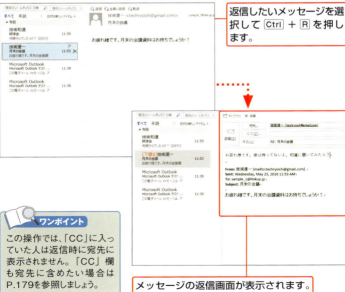

返信したいメッセージを選択して Ctrl + R を押します。

メッセージの返信画面が表示されます。

ワンポイント

この操作では、「CC」に入っていた人は返信時に宛先に表示されません。「CC」欄も宛先に含めたい場合はP.179を参照しましょう。

SECTION 158
宛先の全員にメッセージを返信する

メッセージに返信する際、「CC」欄の人も宛先に表示して返信画面を作成することができます。全員に共有する場合はこちらを利用しましょう。

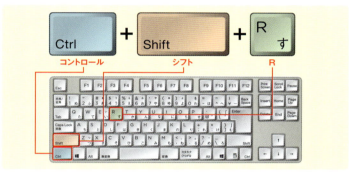

返信したいメッセージを選択して Ctrl + Shift + R を押します。

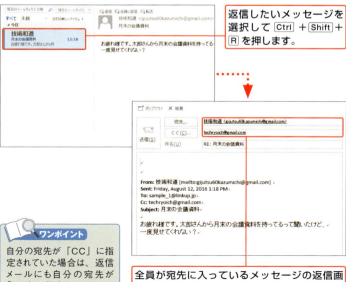

全員が宛先に入っているメッセージの返信画面が表示されます。

ワンポイント

自分の宛先が「CC」に指定されていた場合は、返信メールにも自分の宛先が「CC」に指定されます。

SECTION 159 メッセージを転送する

受信したメッセージをほかの人に転送することができます。転送した場合、メッセージの件名には「RE：」ではなく「FW：」が追加されます。

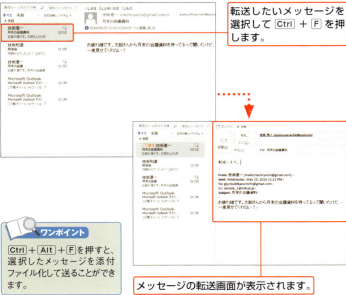

転送したいメッセージを選択して Ctrl + F を押します。

メッセージの転送画面が表示されます。

ワンポイント

Ctrl + Alt + F を押すと、選択したメッセージを添付ファイル化して送ることができます。

SECTION 160 選択したメッセージを削除する

メッセージを削除することができます。削除したメッセージは「削除済みアイテム」に移動します。

削除したいメッセージを選択して Delete を押します。

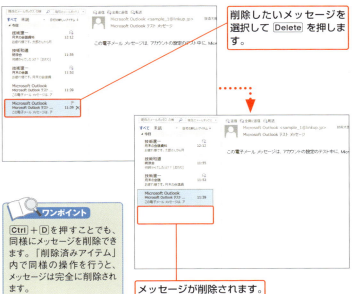

メッセージが削除されます。

ワンポイント

Ctrl + D を押すことでも、同様にメッセージを削除できます。「削除済みアイテム」内で同様の操作を行うと、メッセージは完全に削除されます。

SECTION 161 検索ボックスに移動する

メッセージの検索ボックスを表示できます。目的のメッセージの場所がわからなくなってしまったときは、キーワードで検索してみましょう。

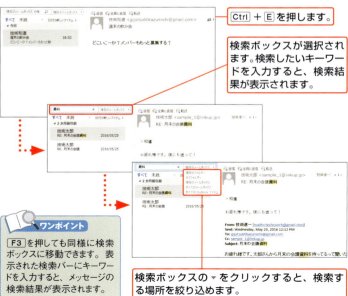

Ctrl + E を押します。

検索ボックスが選択されます。検索したいキーワードを入力すると、検索結果が表示されます。

ワンポイント

F3 を押しても同様に検索ボックスに移動できます。表示された検索バーにキーワードを入力すると、メッセージの検索結果が表示されます。

検索ボックスの ▼ をクリックすると、検索する場所を絞り込めます。

SECTION 162 別のフォルダに移動する

現在開いているものとは別のフォルダに移動できます。メッセージへの返信作成中、過去に送信した内容を確認したいときなどに利用します。

Ctrl + Y を押します。

「フォルダーへ移動」画面が表示されます。ここでは<送信済みアイテム>をクリックして、<OK>をクリックします。

ワンポイント

「フォルダーへ移動」画面が表示されたら↑と↓を選択して移動先のフォルダを選択し、Enterを押すと、キーボードによる操作だけでフォルダを表示できます。

「送信済みアイテム」フォルダが表示されます。

SECTION 163 受信トレイに切り替える

受信トレイに移動します。ほかのフォルダを表示中に新規メッセージを受信した場合、すぐに受信トレイに切り替えて内容を確認しましょう。

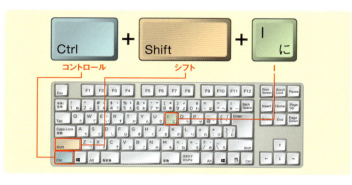

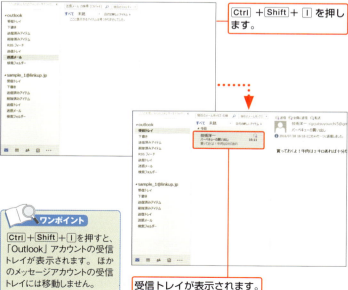

Ctrl + Shift + I を押します。

受信トレイが表示されます。

ワンポイント

Ctrl + Shift + I を押すと、「Outlook」アカウントの受信トレイが表示されます。ほかのメッセージアカウントの受信トレイには移動しません。

SECTION 164 送信トレイに切り替える

送信トレイに移動します。作成したメッセージが届かない場合はここを確認し、残っているようであれば送受信（P.174参照）で送信しましょう。

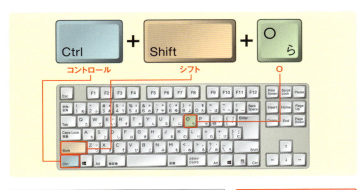

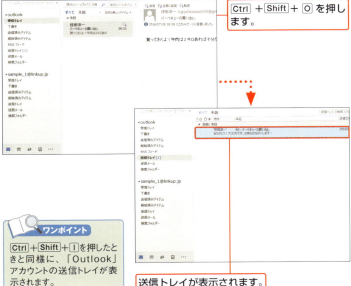

Ctrl + Shift + O を押します。

送信トレイが表示されます。

ワンポイント

Ctrl + Shift + I を押したときと同様に、「Outlook」アカウントの送信トレイが表示されます。

SECTION 165 予定表に切り替える

Outlookには、メールのほかに予定表やタスクといった機能があります。ショートカットキーを使うことで、一瞬で予定表を表示できます。

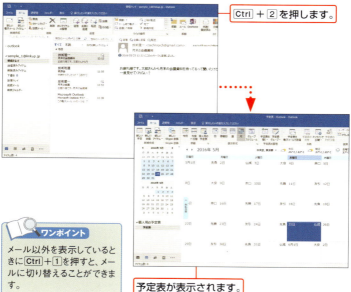

Ctrl + 2 を押します。

予定表が表示されます。

ワンポイント

メール以外を表示しているときにCtrl + 1を押すと、メールに切り替えることができます。

SECTION 166 予定を作成する

予定表では、カレンダーに予定を作成して管理することが可能です。予定の入力画面をすばやく表示して、新たな予定を作成しましょう。

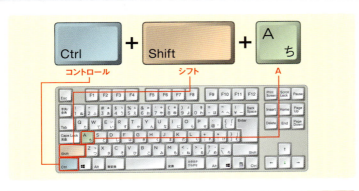

Ctrl + Shift + A
コントロール　シフト　A

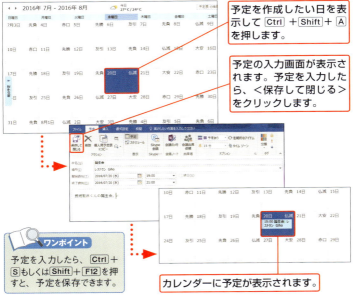

予定を作成したい日を表示して Ctrl + Shift + A を押します。

予定の入力画面が表示されます。予定を入力したら、<保存して閉じる>をクリックします。

カレンダーに予定が表示されます。

ワンポイント

予定を入力したら、Ctrl + S もしくは Shift + F12 を押すと、予定を保存できます。

SECTION 167 連絡先に切り替える

連絡先を表示することができます。連絡先では氏名やアドレスのほかに、電話番号や住所など登録したさまざまな情報の確認が可能です。

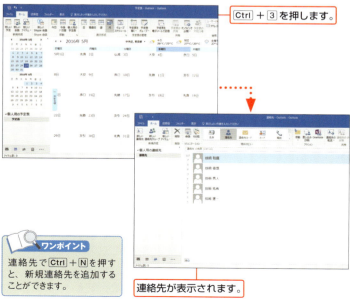

Ctrl + 3 を押します。

連絡先が表示されます。

> **ワンポイント**
> 連絡先で Ctrl + N を押すと、新規連絡先を追加することができます。

SECTION 168 選択した連絡先を添付してメッセージを作成する

連絡先で選択した情報を、添付ファイル化してメッセージを作成することができます。連絡先を共有したいときなどに便利です。

連絡先を選択して Ctrl + F を押します。

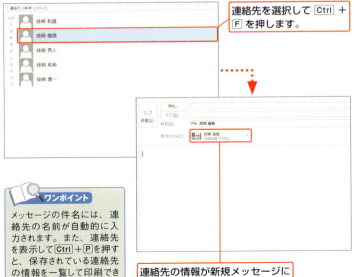

連絡先の情報が新規メッセージに添付された状態で表示されます。

ワンポイント

メッセージの件名には、連絡先の名前が自動的に入力されます。また、連絡先を表示して Ctrl + P を押すと、保存されている連絡先の情報を一覧して印刷できます。

索引 INDEX

アルファベット

ENDモード	148
IMEパッド	71
InPrivateウィンドウ	102
SCROLL LOCK	147

Webページ
- 印刷 …………………… 107
- 拡大／縮小 …………… 86
- 更新 …………………… 91
- 文字を検索 …………… 103

あ行

- アイコンのサイズ ………… 32
- アドレス帳 ………………… 176
- アドレスバー ……………… 101
- アルファベット …… 70, 76, 160
- 一覧 ………………………… 33
- ウィンドウ
    - 切り替え ……………… 12
    - 最大化／最小化 ……… 17
    - 左右に寄せる ………… 16
    - まとめて最小化 ……… 19
- 上書き入力 ………………… 73
- 上付き文字 ………………… 156
- エクスプローラー ………… 44
- オートフィル ……………… 130
- お気に入り …………… 104, 105

か行

- 拡大鏡
    - 起動 …………………… 20
    - 切り替え ……………… 21
- カタカナ ………………… 69, 75
- かな入力 …………………… 68
- キャプチャ ……………… 22, 23
- クイックメニュー ………… 27
- コピー ……………………… 35
- ごみ箱 ……………………… 37

さ行

- 先に進む …………………… 40
- 作図 ………………………… 171
- 下付き文字 ………………… 157
- 終了 ………………… 13, 24, 115
- 受信トレイ ………………… 184
- 詳細表示 …………………… 33
- ショートカットメニュー … 49, 50, 119
- 書式だけをコピー ………… 161
- 書式を解除 …………… 162, 163
- 書式を設定 ………………… 154
- スタートメニュー ………… 10
- スマート検索 ……………… 126
- 設定 ………………………… 28
- セル
    - 移動 …………………… 132
    - 改行 …………………… 129
    - 選択範囲 ……………… 145
    - 内容を編集 …………… 128
- 全角カタカナ …………… 69, 75
- 選択 ………………………… 41
- 操作をくり返す …………… 123
- 送信トレイ ………………… 185

た行

- ダイアログボックス ……… 61
- ダウンロード ……………… 106
- タスクマネージャー ……… 24
- タブ ………………………… 93

| 段落 | 158 |
| 置換 | 122 |

デスクトップ
 切り替え …………………… 14
 プレビュー …………………… 15
取り消す …………………… 29, 124

な・は行

入力候補 …………………… 65
貼り付け …………………… 35
半角カタカナ …………………… 69, 75
日付 …………………… 135
表示倍率 …………………… 118
ひらがな …………………… 74
ファイル
 印刷 …………………… 116
 上書き保存 …………………… 113
 検索 …………………… 26, 48
 ショートカット …………………… 60
 新規作成 …………………… 111
 閉じる …………………… 114
 名前を変更 …………………… 84
 開く …………………… 110
 プレビュー …………………… 45
 プロパティ …………………… 59
 保存 …………………… 112
ブックの切り替え …………………… 150
文章校正 …………………… 164
文書を分割 …………………… 169
変換 …………………… 77, 160
変換を取り消す …………………… 78
ホームページ …………………… 90

ま行

マウスポインターの位置 ……… 30
前のページに戻る …………………… 89
メッセージ
 移動 …………………… 175
 確認 …………………… 174
 検索 …………………… 182
 削除 …………………… 181
 送信 …………………… 177
 転送 …………………… 180
 返信 …………………… 178
文字
 下線 …………………… 155
 検索 …………………… 121
 斜体 …………………… 155
 二重下線 …………………… 157
 太字 …………………… 154
もとに戻す …………………… 39, 124

や・ら・わ行

ユーザーの切り替え …………………… 25
予定表 …………………… 186
予定を作成 …………………… 187
リボン …………………… 46, 47, 117, 125
履歴ウィンドウ …………………… 108
連絡先 …………………… 188
ローマ字入力 …………………… 68
ロック …………………… 11
ワークシート
 1画面上下にスクロール … 148
 切り替え …………………… 138
 コピー …………………… 140
 挿入 …………………… 139

■ お問い合わせの例

```
         FAX
1 お名前
 技術 太郎
2 返信先の住所またはFAX番号
 03-XXXX-XXXX
3 書名
 今すぐ使えるかんたんmini
 Windows ショートカットキー
 徹底活用技
 ［Windows 10/8.1/7対応版］
4 本書の該当ページ
 70ページ
5 ご使用のソフトウェアのバージョン
 Windows 10
6 ご質問内容
 手順3の画面が表示されない
```

今すぐ使えるかんたんmini
Windows ショートカットキー
徹底活用技
［Windows 10/8.1/7対応版］

2016年10月25日 初版 第1刷発行

著者●リンクアップ
発行者●片岡 巌
発行所●株式会社 技術評論社
　　　東京都新宿区市谷左内町21-13
　　　電話 03-3513-6150 販売促進部
　　　　　 03-3513-6160 書籍編集部
装丁●田邉 恵里香
本文デザイン・DTP・編集●リンクアップ
担当●落合 祥太朗
製本／印刷●図書印刷株式会社

定価はカバーに表示してあります。

落丁・乱丁がございましたら、弊社販売促進部までお送りください。
交換いたします。
本書の一部または全部を著作権法の定める範囲を超え、無断で
複写、複製、転載、テープ化、ファイルに落とすことを禁じます。

©2016 リンクアップ

ISBN978-4-7741-8363-3 C3055

Printed in Japan

お問い合わせについて

本書に関するご質問については、本書に記載されている内容に関するもののみとさせていただきます。本書の内容と関係のないご質問につきましては、一切お答えできませんので、あらかじめご了承ください。また、電話でのご質問は受け付けておりませんので、必ずFAXか書面にて下記までお送りください。
なお、ご質問の際には、必ず以下の項目を明記していただきますようお願いいたします。

1 お名前
2 返信先の住所またはFAX番号
3 書名
 （今すぐ使えるかんたんmini
 　Windows ショートカットキー
 　徹底活用技［Windows 10/8.1/7対応版］）
4 本書の該当ページ
5 ご使用のソフトウェアのバージョン
6 ご質問内容

なお、お送りいただいたご質問には、できる限り迅速にお答えできるよう努力いたしておりますが、場合によってはお答えするまでに時間がかかることがあります。また、回答の期日をご指定なさっても、ご希望にお応えできるとは限りません。あらかじめご了承くださいますよう、お願いいたします。ご質問の際に記載いただきました個人情報は、回答後速やかに破棄させていただきます。

問い合わせ先

〒162-0846
東京都新宿区市谷左内町21-13
株式会社技術評論社　書籍編集部
「今すぐ使えるかんたんmini
Windows ショートカットキー
徹底活用技［Windows 10/8.1/7対応版］」
質問係

FAX番号　03-3513-6167

URL：http://book.gihyo.jp